高压气枪气泡动力学

张阿漫　张　帅等　著

科学出版社

北　京

内 容 简 介

　　本书系统、翔实地讲述了气枪气泡动力学的最新研究进展、气枪气泡动力学理论、计算模型与实验方法。全书共分 9 章，主要内容包括绪论、气枪气泡理论与压力子波特性、气枪阵列优化设计方法、非球形气枪气泡对压力子波的影响规律、多气枪气泡相干问题分析、气泡与气枪枪体相互作用精细化数值模拟、气枪气泡实验方法、气枪气泡作用下水中结构响应分析等。

　　本书旨在为高压气枪设计与应用提供理论依据和参考，可作为气泡动力学和海洋资源勘探等相关专业本科生、研究生的学习用书，也可作为相关科研人员的参考用书。

图书在版编目(CIP)数据

高压气枪气泡动力学/张阿漫等著. —北京：科学出版社，2020.7
ISBN 978-7-03-063010-0

Ⅰ.①高⋯　Ⅱ.①张⋯　Ⅲ.①压气枪－气泡动力学　Ⅳ.①TH45

中国版本图书馆 CIP 数据核字(2019)第 250942 号

责任编辑：王喜军 / 责任校对：樊雅琼
责任印制：吴兆东 / 封面设计：壹选文化

科 学 出 版 社 出版
北京东黄城根北街 16 号
邮政编码：100717
http://www.sciencep.com
北京建宏印刷有限公司 印刷
科学出版社发行　各地新华书店经销
*
2020 年 7 月第 一 版　开本：720×1000　1/16
2021 年 8 月第二次印刷　印张：14 1/4
字数：287 000

定价：128.00 元

(如有印装质量问题，我社负责调换)

前　　言

海洋资源开发和海洋科考是实现"海洋强国"战略的重要途径，而船载高压气枪是海洋资源勘探和海洋科考中不可或缺的主要震源技术。自 20 世纪 60 年代以来，美国、法国等发达国家投入了大量的人力物力研究船载高压气枪，并形成了专用软件、专用技术和设计标准。随着我国"海洋强国"战略的实施，在高压气枪设计与软件开发方面取得了较好的研究进展，但是由于气枪阵列的复杂性，我国目前尚未形成一套完整的船载高压气枪设计与制造技术。这其中涉及低频高压气枪枪体设计与研制、高压气枪气泡与枪体的相互作用、气泡群耦合规律与气泡脉动抑制方法、气枪阵列压力子波反演优化技术与专用软件开发等许多艰涩的难点问题。为此，本书从高压气枪气泡的基础理论、数值模型与机理性实验等方面出发，阐述高压气枪气泡的运动机理及其压力子波特性，旨在为高压气枪的研制提供理论和基础性技术支撑。

本书重点讲述水下高压气枪气泡的动力学特性，采用多种方法对气枪气泡非线性脉动特征进行剖析，深入解释了高压气枪作为人工地震源进行海底资源探测的基本原理。全书共有 9 章。第 1 章为高压气枪气泡动力学绪论。第 2 章依据可压缩流体动力学理论，计入高压气枪气泡传质传热过程和气泡群之间的耦合效应，建立了高压气枪阵列远场压力子波计算模型与方法，并实现了气枪阵列远场压力子波预测。第 3 章引入粒子群智能优化算法，建立了气枪气泡期望压力和期望频谱模型与计算方法，突破工程应用中气枪阵列布置正演和反演快速优化的技术难点，解决了气枪阵列中单枪位置、容积、发射时间的调整难题。第 4 章和第 5 章基于边界积分方法，建立了轴对称和三维气枪气泡动力学模型，研究了气枪阵列气泡群脉动过程中高速射流、融合以及气泡迁移等强非线性因素对压力子波的影响特性，并给出了气枪沉放深度和多气枪相干等因素对压力子波的影响规律。第 6 章依据欧拉有限元法和有限体积法，建立了计入枪体结构影响的气枪气泡复杂动力学模型，给出了气枪的枪体长度、开口位置和开口尺寸等参数对压力子波的影响规律，为解决气枪设计过程中关键参数的确定提供了基础性技术支撑。第 7 章和第 8 章发展了可调式高压放电大尺度气泡实验原理与实验方法，并研发了相应的实验装置，生成了高压大尺度脉动气泡，解释了近边界气泡运动、高速射流等强非线性特性。第 9 章基于改进的无网格重构核粒子方法，计算分析了高压气枪气泡载荷作用下水中结构的冲击响应特性，旨在为工作船的冲击响应分析和代替炸药水下爆炸产生的冲击载荷提供参考。

　　本书的第 1～5 章和第 7 章主要由张阿漫和张帅共同完成，第 6 章由张阿漫、张帅、刘云龙共同完成，第 8～9 章主要由张阿漫、张帅、羊慧、叶亚龙、彭玉祥共同完成。本书得到了国家重点研发计划重点专项（2018YFC0308900）、国家自然科学基金项目（11672081）和中海油田服务股份有限公司项目（G1517B-B12C087）的共同资助。王诗平教授、李艳青高工对本书做出了重要贡献，对本书做出贡献的还有明付仁副教授、崔璞博士、李帅博士、黄潇博士、韩蕊博士、孙鹏楠博士、任少飞博士、刘文韬、李彤、贺铭等研究人员。同时，本书引用和参考了国内外相关学者的论著，具体条目已列于文后参考文献中，在此表示感谢。

　　由于高压气枪气泡特别是气枪阵列气泡群运动及压力子波的复杂性，本书难以给出关于高压气枪气泡动力学特性全面系统的解释。谨望本书能起到抛砖引玉的作用，期待更多的学者加入高压气枪气泡研究，共同为高压气枪技术和高压气泡动力学的发展做出努力。最后，由于作者水平有限，书中难免有不妥和不足之处，敬请各位读者批评指正。

作　者
2020 年 6 月

符 号 表

罗 马 符 号

a, b	常数
$\boldsymbol{a}$	加速度
A	振幅
B, n	常数
c, c_∞, C	声速
c_{f1}, c_{f2}	速度
c_1, c_2	常数
C_p	等压比热容
C_v	等体比热容
ced	测点距离
d	气枪口到底端的高度
d_{gun}	气枪开口处直径
D_s, D_N, D_J	临界距离
D	粒子群维度
e_{in}	流体单元能量
E	能量
E_p	流场势能
E_k	流场动能
f	频率
g	重力加速度
gz_1, gz_2	气体势能
$\boldsymbol{G, H}$	系数矩阵
$\boldsymbol{G}_{best}$	局部最优粒子
$h, H(t)$	焓差
h_1, h_2	焓
H_p	气枪开口高度
H_{gun}	气枪沉放深度
m, m_b	气泡内气体物质的量
m_g	气枪内气体物质的量

$\dot{m}_l$	交界面上的蒸发和凝结速率
N	粒子个数
P, p	压力
P_0	气泡初始内压
$P_L, p(R, t)$	气泡外壁流场压力
P_∞	无穷远流场压力
P_g	气泡内不可压缩气体压力
P_v	气泡内可冷凝气体压力
P_σ	气泡表面张力
P_v^*	平衡蒸汽压力
P_{gun}	气枪内气体初始压力
P_b, P_{bub}	气泡内压
P_{pri}	主脉冲振幅
P_{bp}	气泡脉冲振幅
$\boldsymbol{P}_{best}$	全局最优粒子
P_d	动压力
Q	热能
r	距气泡中心距离
$\boldsymbol{r}, \boldsymbol{R}, \boldsymbol{x}$	位置矢量
rg, r_g	距镜像气泡距离
r_1, r_2	随机数
R	气泡半径
R_g	理想气体常数
Re	雷诺数
R_m	气泡最大半径
$\dot{R}, \boldsymbol{U}$	气泡壁速度
$\ddot{R}$	气泡壁加速度
R_0	气泡初始半径
t	时间
Δt	时间步增量
T, T_b, T_{bub}	气泡内气体温度
T_{gun}	气枪内气体温度
T_{water}	气枪周围海水温度
T_{mi}	相界面水蒸气温度
T_{li}	相界面周围流体温度

$\boldsymbol{u}, \boldsymbol{U}$	速度
U	放电电压
$\boldsymbol{v}$	速度
$\boldsymbol{V}_s$	刚性边界运动速度
$\boldsymbol{V}_f$	自由面运动速度
V_{gun}	气枪容积
V, V_b	气泡容积
$\boldsymbol{V}_X$	粒子群速度
We	韦伯数
$\boldsymbol{X}$	粒子群

希 腊 符 号

ϕ	速度势
$\rho, \rho_\infty, \rho_l$	流体密度
σ	表面张力系数
α_M	蒸发和凝结速率调节系数
Φ_1	一阶速度势
γ	比热率
μ	黏性系数
τ	气枪放气时长/关枪时间
η	放气效率
α	热量传递系数
β, β_1, β_2	常数
δQ	吸收热量
δU	内能增量
δm	物质的量变化
δW	对外做功
ω	权重
$\lambda(\boldsymbol{p})$	$\boldsymbol{p}$ 点处立体角
Γ	涡环环量
φ	流函数
ψ	形函数
α_1, α_2	体积分数
δ	浮力参数
ε	强度参数
γ_f, γ_b	距离参数

目　　录

第1章 绪 论

1.1 引 言

随着陆地上煤炭、石油和天然气等传统能源的不断枯竭，包括可燃冰等在内的海底能源成为全世界争夺的战略性资源，各个国家都在加大力度对海底资源进行开发，勘探和开采这些海洋资源对实现海洋强国具有十分重要的意义[1]。目前，常用的海洋资源和地质勘探方法主要有重力勘探[2-3]、磁法勘探[4-5]、电法勘探[6-7]和地震勘探[8-9]。重力勘探是利用岩石的密度差异引起的重力在地表上的变化，通过重力仪即可寻找地下储油构造和其他矿藏分布的一种方法[2]。磁法勘探是利用磁力仪在地面或空中测量地下岩石的磁性变化（磁力异常），来探测地下地质构造和寻找其他矿藏的方法[4]。电法勘探是利用具有不同矿物组成的岩石导电能力的不同（电性差异），通过专门的仪器测量地下岩石的导电能力，来推测地下储油构造的一种方法[6]。地震勘探主要利用的是岩石的弹性差异，人工地震源向地下发射一个地震波信号，地震波信号会在介质分界处形成反射，然后根据地震记录仪接收到的反射波信号和地震波在地下岩层中的传播规律，反向解析接收的反射波所承载的地质结构信息，探查地底石油等资源的分布情况，探测过程如图 1.1 所示，探测结果反馈如图 1.2 所示。

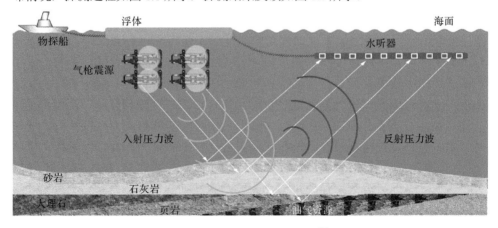

图 1.1 地震勘探过程示意图[1]

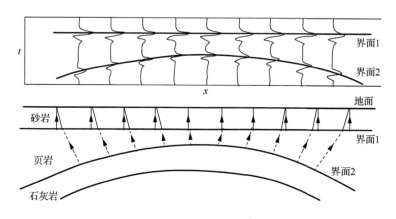

图 1.2　地震勘探结果反馈示意图[1]

　　海底资源开采的第一步即是海洋资源勘探[8]，也是确定油气资源准确位置的重要环节，然而海底勘探不同于陆地资源的勘探，对于深海资源的探测必须要穿过厚厚的海水，而光波、无线电波等在陆地上广为使用的手段，作为物质波，它们的传播不需要任何介质，而海水的存在会阻碍电磁波的传播，使得电磁波能量快速衰减、传播距离有限，不利于深海资源的探测。地震波作为一种机械波，传播的一个重要条件即是要有弹性介质[10]，海水的存在并不会对其传播造成明显阻碍，另外，地震波在海水中衰减较慢，且衰减速度与波频相关，频率较高的地震波衰减得相对较快。综上，低频地震波在深海资源勘探上优势明显，是目前国际上使用最为广泛的一种探测方式，而本书所要阐述的高压气枪，正是用于激发低频地震波的一种常见人工地震源[11]，气枪所激发的低频地震波也常被称为"震源子波""压力子波"或"声波"等。

　　气枪震源主要是利用内部高度压缩空气在水下快速释放，来引起周围流场的弹性震荡，从而在气枪气泡形成及脉动的同时，向外辐射压力子波[12]，如图 1.3 中实体气枪周围的蓝色虚线和实线所示，压力波以气枪为中心向四面八方迅速扩散，图中红色实线为距气枪中心 9000 m 远处固定测点探测的压力子波形态，图中结果未考虑自由面反射引起的压力变化。图 1.4 描述了真实气枪在水下发射形成的气枪气泡脉动过程[13]，惯性作用下气泡的膨胀、收缩和反弹过程往往会重复多个周期，直至气泡破碎，除膨胀初期形成的主脉冲外，气泡每一次收缩到体积接近最小时刻，气泡都将辐射新的压力脉冲，也就是常说的"气泡脉冲"，气泡的每一次重复脉动都相当于一个新的震源，形成的气泡脉冲大幅降低了震源子波的探测分辨率，而气泡脉冲抑制问题一直是研究的热点。

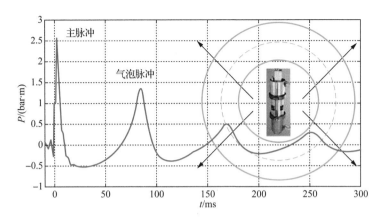

图 1.3 气枪激发引起的压力子波形态示意图[1]

1 bar=10⁵ Pa

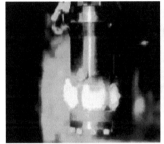

图 1.4 四开口气枪气泡脉动过程[13]

随着海洋工程的不断发展，对海洋资源的探索逐渐由浅海走入深海，因此对震源的开发也提出了更高的要求，而单枪由于能量不足，并不能直接用于探测距离更远、深度更大的海底资源。1973 年，Giles 等提出了组合枪（气枪阵列）的概念[14]，也是目前石油勘探领域中应用最为广泛的一种探测方法，一个阵列一般包含 3～6 个子阵列，每个子阵列通常包含 4～8 只线性排列的单枪，阵列总容积的变化范围一般在 3000～8000 in³（1 in³≈16.39 cm³），其中各单枪容积一般为 30～800 in³，也就是说阵列通常含有 12～48 只气枪，气枪的额定工作压力一般为 2000 psi（1 psi≈6894.76 Pa）。气枪阵列的使用增大了震源能量，使得产生的震源子波能够探测到更深的海底，为满足特定的使用要求，施工者有时也会设计使用更大的气枪阵列，但过大的阵列会增加阵列控制的难度，给施工带来很多不便。

图 1.5 为阵列勘探示意图，物探船在水面恒速运动，通过缆绳拖曳着具有一定长度的气枪阵列和信号探测器，阵列中的每个气枪子阵列通过上方浮体悬浮在水中，气枪每隔几秒发射一次，气枪布置方法如图 1.5 右下角所示，每一支气枪

通过铁链连在上方浮体上，并可以通过定深绳来调整气枪沉放深度，但受限于浮体龙骨和定深绳的长度等因素，气枪沉放深度一般不会超过 20 m。地震波的采集方式一般有两种，一种是最为常用的，在船后拖曳水听器；另一种是在海底布置传感器，并与静止在海上的信号采集船相连[15]。在实际勘探中，为保证气枪阵列具有低频宽带高能的要求，阵列的布置并不是随意的，有时为了设计一个满足要求的阵列可能要花费很长时间，传统的高效阵列多是凭借工作经验，通过试错法反复实验得到的，这种方法不仅成本高而且效率低，如何快速设计一个高品质的气枪阵列是工程中的一大技术难点。

图 1.5 阵列勘探示意图[1]

气枪气泡脉动过程十分复杂，往往涉及气泡与气泡、气泡与自由面、气泡与海底、气泡与枪体等边界相互作用的基础性力学难题，给水下任意测点位置压力子波的快速高精度预测带来很多挑战。为多获得低频高能量的气枪探测压力波，还需攻克气枪阵列的空间分布、气枪的内在参数、同时或者延时激发等关键问题。近年来，部分国家开始尝试利用气枪震源产生的压力子波来测试舰船的抗冲击波性能，使得气枪气泡近场压力测量也变得极为有意义，非球形气枪气泡脉动过程中的射流、撕裂以及融合，使得该问题的研究变得更为复杂。在气枪结构设计中，气泡与枪体的相互作用存在强非线性特性，使得气枪开口尺寸、开口高度、枪体长度等关键参数的确定较为困难。本书采用不同方法对气枪气泡脉动特性进行研究，首先结合气泡动力学理论与粒子群智能优化算法，实现气枪阵列的快速优化设计；然后依据流体动力学理论，基于边界积分法，给出非球形气枪气泡对远场压力波的影响，以及多气泡（气泡群）相干问题；接着采用欧拉有限元法和有限体积法，对气枪枪体关键参数的设计进行探讨；最后基于高压放电气泡实验装置，揭示不同边界附近的气泡脉动特性，并给出高压气枪气泡对水中结构冲击损伤的计算方法。本书旨为气枪在深海资源探测领域中的应用提供基础性技术支撑。

1.2　地震源发展过程

最初，地震勘探多使用炸药作为人工地震源[16-19]，但炸药震源成本相对较高而有效利用率相对较低，大部分能量都以热能的形式耗散掉了，用于探测的地震波能量不到总能量的 3%。进行海底勘探时，通常由震源船引爆一个或几个爆炸罐，但炸药深度控制极其不易，很难在要求的精确电缆位置上爆炸，而深度又是影响探测信号质量的一个重要因素，爆炸深度过浅会导致大部分能量冲出水面浪费掉，爆炸深度过大会使得气泡强烈震荡，直至气泡冲出水面，气泡的每一次震荡都相当于一个新的震源，会使地震资料变得模糊不清。勘探公司凭借多年的海上勘探经验，提出将 10 kg 炸药沉放 85 cm、30 kg 炸药沉放 125 cm，施工起来非常壮观，但是在海浪较大时极难实现。此外，炸药震源破坏性较大，使用中会伤害一些鱼类，使得地震队和渔民之间的关系曾经一度紧张，渔民使用拖网船去挂断电缆。炸药震源在安全性、稳定性和环保性上暴露的种种问题给海洋资源勘探带来了困扰，作为一种海上人工地震勘探源，炸药震源一直使用到 20 世纪 80 年代。

电火花震源[20-22]是最早使用的一种非炸药爆炸震源，作为人工地震源，它具有分辨率高、成本低、绿色环保等优点，多被用于浅海高分辨率探测。电火花震源的探测频率一般取决于电极的配置、放电能量和放电电压等，如 Geo-Spark 800 多级电火花震源中心频率一般在 500～2000 Hz，最高分辨率可达 30 cm，穿透深度一般为 100～250 m[23]。电火花电源主要是利用水下放电原理，首先将电能储存在电容器中，水下电极与电容器串联，放电瞬间电能通过电容器释放到水中，使得电极周围的水迅速电离，生成高温等离子区，使得周围水迅速气化，形成了高温高压气团，随后在气团内部的高压驱动下，气团开始膨胀形成了早期气泡，并向外辐射压力波。

目前，深海探测使用最为广泛的即为高压气枪，其具有性能稳定、自动化程度高、成本低、绿色环保等诸多优点，在国际市场上占据了主导地位，据不完全统计，气枪震源的使用率约占海上震源的 95%[24]。在这期间出现过乙烯枪、蒸汽枪、水枪等，但都没有能够动摇现代高压空气枪的统治地位。1964 年，美国 Bolt 公司设计制造了第一支用于海底资源探测的高压气枪，被人们称为老式"Bolt 枪"。Bolt 枪的内部结构如图 1.6 所示，高压空气由顶部的进气管注入，同时充满上气室和下气室，然后利用梭阀上下面积不等，使得梭阀在充气时保持在待激发位置，当电磁阀打开的瞬间，破坏起爆气室和主气室的气压平衡状态，高压空气推动活塞快速向上移动，使得下气室的空气通过排气口释放到水中，形成初始气枪气泡。由于早期勘探多为单枪作业，所以早期的气枪都是朝着大容积高内压的方向发展，工作压力高达 5000 psi，采用超高压的单枪虽然施工操作上比较简便，但单枪的安全性和可靠性并不易保证。

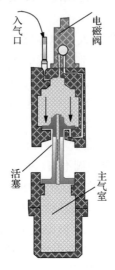

图 1.6　Bolt 枪内部结构示意图[1]

在 20 世纪 70~80 年代，西方地球物理公司（Western Geophysical）对当时的气枪进一步改进，从而生产出 LRS-6000 高压气枪，该气枪结构更加简单，可靠性和穿透性更强，但同炸药震源一样，气枪喷气产生的气泡会在水中反复脉动，每一个周期都会向外辐射一个具有一定主脉冲振幅的压力波，相当于一个新的震源，大幅降低了探测精度。1970 年，Ziolkowski[25]建立了第一个气枪气泡脉动物理模型，使得人们对气枪气泡理论摸索进入了一个新的阶段，为压制气泡脉冲改善震源子波信号，人们提出了很多办法，如当气泡膨胀到最大时再次向气泡内部充入高压气体来延缓气泡收缩[26]，或在气枪周围套上一个多孔外壳[27]，如图 1.7 所示，但是这些方法不是需要消耗过多空气，就是以牺牲压力子波主脉冲幅值为代价。

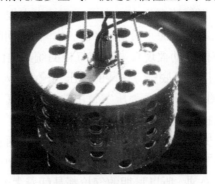

图 1.7　气枪多孔外壳[27]

1973 年，Giles 等[14]提出了气枪阵列设计的概念，利用不同容积气枪间的相互影响来抵消气泡脉冲，当一个阵列中所有气枪同时发射时，初始时刻形成的主脉冲会在远场测点相互叠加，而容积不同的各气枪会产生不同周期的脉动气泡，对应的气泡脉冲到达远场测点的时间不同，通过合理的气枪设计布置即可达到压制气泡脉冲的效果，该方法既不需要额外的气体注入，也不会损失探测信号主脉冲的幅值。气枪生产逐渐走向小型化、多样化，更加注重气枪间的协调性，不再一味地增大单枪内压和单枪容积，大幅增加了气枪的安全性，降低了气枪使用的故障率。1983 年，西方地球物理公司推出了一款工作压力 2000 psi 的套筒枪（sleeve gun），该型号的气枪具有结构简单、持续性好、重复度、高同步误差小等优点，深受业界人士的喜爱[28]，如图 1.8 所示。

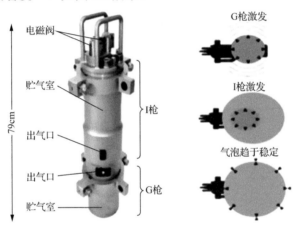

图 1.8　GI 210 气枪结构[28]

后来，美国 ION 地球物理公司收购了西方地球物理公司的勘探产品分公司，套筒枪成了 ION 地球物理公司麾下的主要震源产品，包括 Sleeve Gun-IB 及 Sleeve Gun-IIB 枪型，气枪主要容积有 10 in^3、20 in^3、40 in^3、70 in^3、100 in^3、150 in^3、210 in^3、300 in^3 等[28]，气枪在收放过程中无须加压，提高了施工的安全性，且具有 50 万次激发无大修的高稳定性。相比于 Bolt 枪，ION 公司设计推出的套筒枪，使用的是单个 360° 环形排气口，避免了传统气枪内部气体多孔释放导致的不稳定现象发生，单枪压力子波方向性更容易确定，压力大小不会因气枪布置时开口朝向的变化而发生明显改变，省去了阵列布置中气枪开口朝向的问题，具有更强的可靠性和可重复性。

Sleeve 型气枪内部结构如图 1.9 所示，点火气室控制着空气枪的激发，而点火气室的激发由电磁阀控制，当 Sleeve 气枪处于未激发状态时，梭阀在复位气室的压缩下封闭了气枪主气室出气口，当电磁阀接受到来自枪控制器的点火脉冲后，电磁阀就会被打开，让高压空气进入点火气室。由于梭阀轴肩两端受力面积大小不一样，所以就会有一个不平衡力作用到梭阀上，使梭阀向开启方向运动，这时梭阀和主气室之间就有了缝隙，主气室的高压气体就会进入梭阀的下边沿，高压气体就有了更大的受力面，此时作用到梭阀的推动力最大，主气室将气体迅速排出，梭阀被完全打开后，残留在主气室和点火气室里的压力很低，因此，在返回气室中就有充足的压力使梭阀返回关闭状态，为下一次激发做好准备[29]。

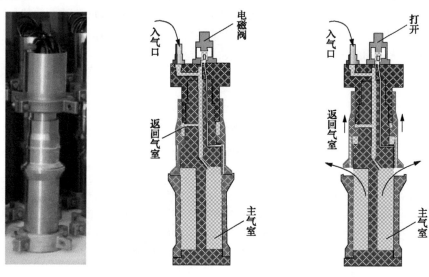

图 1.9　Sleeve 型气枪内部结构示意图[1]

　　1989 年，美国地震震源系统公司研制出了新型的 G 枪和 GI 枪，其结构较套筒气枪更为简单，性能也更加优越，使用范围也较为广泛。随着美国地震震源系统公司被法国地球物理公司（Sercel）收购，G 枪也归属了 Sercel 公司，G 枪主要有 150、250、380 和 520 等系列，容积变化范围从 40 in^3 到 520 in^3，当 G 枪内压增加到 3000 psi 仍能持续运行。Sercel 公司生产的 G 枪 II 型获得了业界的好评，相比于传统气枪，它具有紧凑的尺寸、简单的适应性、强大的性能和更高的峰值振幅，使它更适合先进的海洋地震调查。另外配合先进的减容块技术，实现了气枪容积的快速变更。G 枪的内部结构如图 1.10 所示，当电磁阀被激发时，高压气体充入点火气室，由于位于点火气室和返回气室间的梭阀轴肩两端面受力面积不同，所以梭阀向返回气室方向移动，这样点火气室容积变大，在梭阀打开端口之前轻质梭阀获得了很高的速度，当梭阀打开端口高压气体就会释放到水中，产生有效的声学脉冲。

　　GI 枪是 1989 年提出的新枪型，该枪最大的优点在于能自己压制气泡脉动。

该枪包含两个容积相近的主气室，分别称为 G 枪和 I 枪，使用时 G 枪首先点火，用于主气泡脉冲的生成，而 I 枪相比于 G 枪发射的时间要迟很多，一般是在 G 枪生成的气泡达到最大容积，此时 I 枪的枪口将被包在 G 枪气泡内，I 枪点火后将气室内的高压气体直接注射到了 G 枪气泡内，使 G 枪气泡内气体压力增加，从而使得后续气泡脉冲得到压制，提高震源信号的信噪比。后来，Sercel 公司又陆续推出了 Mini G 和 Mini GI 小型气枪，使用起来更为灵活，在高精度的浅海勘探上应用广泛。

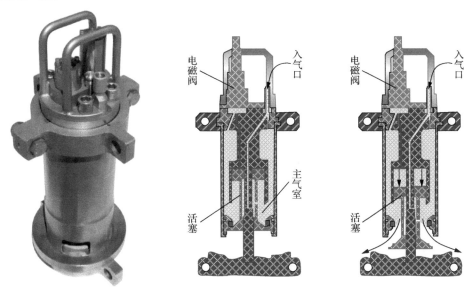

图 1.10　G 枪内部结构示意图[1]

在 20 世纪 90 年代初，为了能够有效地获取大量三维地震数据，海洋地震工业开始发展更大、更为复杂的多缆船。Bolt 公司在 1991 年推出了长寿命气枪（Long-Life^{TM} Airgun），以满足地震承包商对稳定高耐力震源的要求，实现这些舰船高效率的探测。经试验测试，长寿命的 Bolt 枪能够持续 50 万次的激发无大修，性能非常稳定，气枪容积变化从 5 in^3 到 1500 in^3 不等，而且通过对开口面积和梭阀运动速度的改善，使得新式 Bolt 枪信号在主脉冲峰值和初泡比上较传统 Bolt 枪有了明显改善，如图 1.11 所示。长寿命气枪的技术不仅可以用于新枪，也可以通过对老式 1500CT 和 1900CT Bolt 枪的配件进行更新来实现，它们帮助 Bolt 公司迅速夺回在气枪市场的占有率，至 1993 年 3 月份，Bolt 公司就已经售出了超过 4800 支的长寿命 Bolt 枪，相当于美国西方地球物理公司地震勘探舰队的四分之三。

此外，Bolt 公司还开发了一些特色气枪产品系列，适用于沼泽、过渡带等两栖作业的泥枪，适用于特殊作业环境的便携式小型气枪，满足其他用途的井间地震气枪、陆地气枪、陆地及海上横波气枪，以及 2002 年推出了新型的 APG 气枪，新枪输出能量更高、初泡比更低（表 1.1），气枪使用寿命更长，且更适于水中拖曳。气枪逐渐朝向容积小、低内压方向发展，而且人们对气枪震源也有了更高的要求，简称为 HSE，即要求气枪故障率低（health）、安全性高（safety）和绿色环保（environmental）。目前全球最具有权威性的气枪设计及制造公司主要包括 Bolt 公司、Sercel 公司和 ION 公司，并呈现三足鼎立之势[28]。

2800-LLX Air Gun   1900-LLXT Air Gun   1500-LLX Air Gun

图 1.11 长寿命 Bolt 枪[1]

表 1.1 为不同型号的单气枪产生的压力子波特性对比。表中各数据是通过 Nucleus 软件计算得到的，Nucleus 软件是 1990 年美国 PGS 公司研发的，该软件计算结果同实验结果误差较小，在业界具有举足轻重的地位，计算时各气枪容积 V_{gun} 设定为 150 in³、沉放深度 H_{gun} 为 6 m、水温 T_{gun} 为 20℃，测点距气枪气泡中心 9000 m 远。根据计算结果可知，容积相同的各型气枪中，Bolt 公司推出的 APG 气枪具有最大的主脉冲值（3.23 bar·m），而 Sercel 公司出产的 G 枪对应的压力子波具有最大的初泡比。

表 1.1 不同型号单枪远场压力子波特性（容积 150 in³）

枪型	主脉冲形成时间/ms	主脉冲/（bar·m）	气泡脉冲形成时间/ms	气泡脉冲/（bar·m）	初泡比
Sleeve Gun	2.00	2.94	94.00	0.82	3.59
G Gun II	2.00	3.04	95.50	0.98	3.12
G Gun	2.00	2.84	93.00	0.76	3.76
Bolt 1900 LLXT	2.50	2.98	89.50	1.12	2.67
Bolt 1900 LLX	2.50	2.36	92.00	0.89	2.66
Bolt 1900 LL	2.50	2.76	90.50	0.84	3.27
Bolt 1900 C	2.50	2.44	90.50	0.84	2.91
Bolt 1500 LLX	2.50	2.98	89.00	0.93	3.20
Bolt 1500 LL	2.50	3.10	91.00	0.68	4.58
Bolt 1500 C	2.50	3.04	90.50	1.01	3.01
Bolt APG	2.50	3.23	93.50	1.13	2.85

1.3　高压气枪气泡研究方法及进展

气枪气泡的脉动及载荷特性研究方法主要包括理论计算、数值模拟和实验测量，下面将对这几种方法的研究进展作进一步详细阐述。

1.3.1　球形气泡动力学理论

球形气泡动力学理论主要是从流体运动方程出发，对气泡脉动中膨胀收缩过程进行方程描述，即气泡脉动方程，虽然忽略了气泡复杂多变的形态变化，但在计算效率上却具有得天独厚的优势，尤其是随着计算机的快速发展，黏性、可压缩性等复杂的气泡脉动方程求解也不再是问题，使得球形气泡理论在工程中得到广泛的应用。关于球形气泡的理论研究，最早可以追溯到 1859 年，Besant[30]建立了第一个无旋、无粘、不可压缩的球形气泡模型。基于相同假设，1917 年 Rayleigh[31]建立了著名的球形气泡脉动方程，描述了气泡半径与气泡周围流场压力的关系，气泡被当作成分始终一致、各处物质的量均匀的球形进行处理，该方程的解成功地模拟了气泡膨胀收缩过程，为后续的气泡理论研究奠定了基础。1923 年，Lamb[32]指出可压缩流体中的球形气泡脉动方程可以轻松获得，但对于它的求解才是真正让人束手无策的，而随着计算机技术和数值方法的快速发展，如今对于一个复杂的二阶非线性微分方程的求解已不是真正的难点，很多学者提出了自己的解法，但每种方法都包括一些基本假设，对精度造成的影响是不易评估的。

1941 年，Herring[33]首先假设流体不可压缩，然后加入一系列假设，将压力波看作声波处理，并考虑了气泡脉动过程中压力波辐射导致的能量损失，推导出了非线性的波动方程和气泡脉动方程，并通过连续近似迭代的方法进行求解。1942 年，Kirkwood 等[34]在波动方程中考虑了质子的运动速度 v 的影响，即认为压力波在流体中的传播速度为声速 c 加上质子运动速度 v，后来人们称其为 Kirkwood-Bethe 假设。1952 年，Gilmore[35]基于 Kirkwood-Bethe 假设得到了了可压缩流场中的气泡脉动方程，同 Herring 非常相近，但对其中的每一项进行了修正，他同时给出了方程一阶精度的数值解法，即通过简单的数值迭代进行求解。1956 年，Keller 等[36]同 Herring 一样将压力波看作声波处理，并且考虑了声波对气泡脉动方程的影响，建立了阻尼震荡气泡方程。此外，还有很多学者对气泡脉动方程从不同角度进行了修正，包括气泡表面张力、黏性、含气量等。

1.　不可压缩流体气泡理论

若流场满足无旋（$v=-\nabla\phi$）和不可压缩（$\partial\rho/\partial t=0$）假设，则根据微分形式的流体质量守恒方程，$\partial\rho/\partial t+\nabla(\rho\cdot t)=0$，流场任意时刻 t 任意位置 r 的速度势均满

足拉普拉斯方程（$\Delta\phi(t,r)=0$），也称控制方程。若以气泡中心为坐标原点，在球坐标系下拉普拉斯方程可以写成

$$\Delta\phi(t,r)=\frac{1}{r^2}\frac{\partial}{\partial r}\left(r^2\frac{\partial\phi(t,r)}{\partial r}\right)=0 \tag{1.1}$$

方程（1.1）是一个二阶偏微分方程，它的通解形式可以写成 $\phi(t,r)=\psi(t)/r$，其中 $\psi(t)$ 是关于时间的任意函数。若知 t 时刻气泡半径 $R(t)$ 和气泡壁的运动速度 $\dot{R}(t)$，则气泡壁处外流场的运动速度应该等于气泡壁速度，即 $(\partial\phi(t,r)/\partial r)|_{r=R}=\dot{R}(t)$，然后将式（1.1）的通解形式代入其中，即可推出流场 t 时刻任意点 r 处的速度势[37]：

$$\phi(t,r)=-R(t,r)^2\,\dot{R}(t,r)/r \tag{1.2}$$

最后根据气泡外边界到无穷远处的伯努利方程 $\partial\phi/\partial t+u^2/2+P_L/\rho=P_\infty/\rho$，即可推出气泡的运动方程，其中无穷远处流场质点的速度和速度势均为 0，则

$$R(t)\ddot{R}(t)+\frac{3}{2}\dot{R}(t)^2=\frac{P_L(t)-P_\infty}{\rho} \tag{1.3}$$

式中，P_L 为气泡外壁处流场压力，若不计气泡表面张力和饱和蒸气压，气泡壁内外压相等；P_∞ 为无穷远处的流场压力。方程（1.3）即为著名的 Rayleigh-Plesset 气泡脉动方程[31]，亦简称为 RP 方程，该方程也可以从能量守恒出发进行推导。

此外，若表面张力 P_σ 和气泡内可冷凝气体压力 P_v 不可忽略，则气泡壁处流场压力和气泡内压满足关系：$P_L=P_g+P_v-P_\sigma$。其中，P_g 表示气泡内不可压缩气体压力，可以根据理想气体状态方程进行求解，P_v 一般假设为恒定值进行计算，至于表面张力可根据交界面处的曲率进行求解。由于球形气泡内外曲率相等（$1/R$），表面张力即可表示为 $2\sigma/R$（σ 为表面张力系数），综上，气泡壁处流场压力满足

$$P_L=\left(P_0+\frac{2\sigma}{R_0}-P_v\right)\left(\frac{R_0}{R}\right)^{3\gamma}+P_v-\frac{2\sigma}{R} \tag{1.4}$$

式中，P_0 和 R_0 分别为气泡初始内压和半径；γ 为气体绝热指数。

2. 黏性流体气泡理论

流体的运动微分方程遵守 Navier-Stokes 方程，以气泡为中心建立球坐标系，则流场的控制方程可以表示为

$$\frac{\partial\boldsymbol{u}(r,t)}{\partial t}+\left(\boldsymbol{u}(r,t)\cdot\nabla\right)\boldsymbol{u}(r,t)=-\frac{\nabla P(r,t)}{\rho}+\mu\nabla^2\boldsymbol{u}(r,t) \tag{1.5}$$

若不考虑流体的可压缩性，根据质量守恒方程速度的梯度为零 $(\nabla\cdot\boldsymbol{u}=0)$，那么控制方程中的黏性项等于零，方程简化为

$$\frac{\partial\boldsymbol{u}(r,t)}{\partial t}+\boldsymbol{u}(r,t)\frac{\partial\boldsymbol{u}(r,t)}{\partial r}=-\frac{1}{\rho}\frac{\partial P(r,t)}{\partial r} \tag{1.6}$$

式（1.6）实际上是伯努利方程对 r 的偏微分，两式是等价的。所以考虑流场黏性、不考虑流场可压缩性时，同 Rayleigh 气泡一样，流场既满足拉普拉斯方程，又满足伯努利方程，所以得到气泡的运动方程仍然同 Rayleigh-Plesset 方程一样。但由于黏性的存在，气泡壁处内外压关系式中应加入黏性项[38]，所以方程（1.4）变为

$$P_L = \left(P_0 + \frac{2\sigma}{R_0} - P_v\right)\left(\frac{R_0}{R}\right)^{3\gamma} + P_v - \frac{2\sigma}{R} - \frac{4\mu\dot{R}}{R} \tag{1.7}$$

所以考虑黏性的气泡运动方程为

$$R(t)\ddot{R}(t) + \frac{3}{2}\dot{R}(t)^2 = \frac{1}{\rho}\left(\left(P_0 + \frac{2\sigma}{R_0} - P_v\right)\left(\frac{R_0}{R(t)}\right)^{3\gamma} + P_v - \frac{2\sigma}{R(t)} - \frac{4\mu\dot{R}(t)}{R(t)} - P_\infty\right) \tag{1.8}$$

3. 可压缩流体气泡理论

Gilmore[35]考虑了流场可压缩性（$\partial\rho/\partial t \neq 0$），根据流场的无旋假设和质量守恒方程，即可得到 $\mathrm{d}\rho/\mathrm{d}t = \rho\nabla^2\phi$，那么下一步就是如何消去方程中的 $\mathrm{d}\rho/\mathrm{d}t$，得到速度势 ϕ 和时间 t 的关系（波动方程），根据水的状态方程 $c^2 = \mathrm{d}p/\mathrm{d}\rho$ 可得到流场中任意一点的密度满足

$$\frac{\mathrm{d}\rho(r,t)}{\mathrm{d}t} = \frac{1}{c^2}\frac{\mathrm{d}p(r,t)}{\mathrm{d}t} = \frac{1}{c^2}\left(\frac{\mathrm{d}h(r,t)}{\mathrm{d}t}\right) \tag{1.9}$$

式中，h 为气泡到无穷远处的焓差，满足 $h = \int_{P_\infty}^P \mathrm{d}p/\rho$，根据动量守恒方程：

$$\frac{\partial}{\partial t}(-\nabla\phi) + (u\cdot\nabla)u = -\frac{\nabla p}{\rho} + \frac{4}{3}\frac{\mu\nabla(\nabla\cdot u)}{\rho} \tag{1.10}$$

若不计流场黏性（$\mu=0$），则上式可以简化成$\partial\phi/\partial t - u^2/2 = h$，结合质量守恒方程即可得到

$$\frac{1}{c^2}\frac{\mathrm{d}}{\mathrm{d}t}\left(\frac{\partial\phi}{\partial t} - u^2/2\right) = \nabla^2\phi \tag{1.11}$$

球坐标系中，流体速度仅有径向分量 u。若暂时忽略流体质点的速度 u，认为其远小于声速（$u \ll c$），即可得到著名的球对称波动方程 $\partial^2\phi/\partial t^2 = c^2\nabla^2\phi$，它的解的形式为 $\phi = f(t-r/c)$，即 $r\phi$ 以声速 c 向外传播。若流场质点运动速度相比于声速不可忽略，根据 1942 年 Kirkwood-Bethe 假设[34]，$r(h+u^2/2)$ 和 $r\phi$ 以速度 $c+u$ 传播，并结合伯努利方程，即可得到

$$r\frac{\partial\phi}{\partial t} = r\left(h + \frac{u^2}{2}\right) = f'\left(t - \frac{r}{c+u}\right) \tag{1.12}$$

为了消去方程中的速度势 ϕ，根据 $(c+u)\partial f'/\partial r = -\partial f'/\partial t$ 可得到

$$\frac{u^2}{2}+ru\frac{\partial u}{\partial r}+\frac{r}{c+u}u\frac{\partial u}{\partial t}=-\frac{r}{c+u}\frac{\partial h}{\partial t}-r\frac{\partial h}{\partial r}-h \tag{1.13}$$

根据物质导数公式和焓的定义，不考虑黏性的动量方程满足 $du/dt = -\partial h/\partial r$，根据该式即可消去方程中的 $\partial h/\partial r$，从质量守恒方程可以推出 $\partial u/\partial r = -(dh/dt)/c^2-2u/r$，那么方程(1.13)可以进一步被化简，在气泡壁处的流场即满足

$$R(t)\ddot{R}(t)\left(1-\frac{\dot{R}(t)}{C}\right)+\frac{3}{2}\dot{R}(t)^2\left(1-\frac{\dot{R}(t)}{3C}\right)=H(t)\left(1+\frac{\dot{R}(t)}{C}\right)+\frac{R(t)}{C}\dot{H}(t)\left(1-\frac{\dot{R}(t)}{C}\right) \tag{1.14}$$

式中，C 是流场中的声速；H 是气泡壁处的焓差。

1956 年，Keller 等[36]基于该问题建立了新的气泡脉动方程，虽然同 Gilmore 类似，但是在方程的解法上提出了新的思路。方程主要是从可压缩流场速度势波动方程（1.11）和不可压缩的伯努利方程出发进行推导得到的，波动方程（1.11）展开得到

$$\nabla^2\phi-\frac{1}{c^2}\frac{\partial^2\phi}{\partial t^2}=\frac{1}{c^2}\frac{\mathrm{d}}{\mathrm{d}t}\left(\frac{\partial}{\partial t}(\nabla\phi)^2-\frac{\mathrm{d}}{\mathrm{d}t}(\nabla\phi)^2\right) \tag{1.15}$$

若气泡的运动速度远小于声速 c，则右侧两项可以忽略，方程即为球对称波动方程。若同样忽略 $c^{-2}\phi_{tt}$，则方程（1.15）就是我们熟悉的 Laplace 方程。在求解上述不可压缩的气泡脉动方程时，采用同 Gilmore 一样的假设，先忽略右侧两项，但不同的是，在方程的特解中考虑了气泡初始半径 R_0 的影响，如式（1.16）所示，但展开后得到的气泡脉动方程同 Gilmore 方程基本相同：

$$\phi=\frac{f(\xi(t,r))}{r},\ \xi=t-\frac{r-R_0}{c} \tag{1.16}$$

4. 计及饱和蒸气压气泡理论

1980 年，Fujikawa 等[39]建立了更加复杂的球形气泡理论模型，不仅考虑了流场的黏性和可压缩性，还考虑了前人没有考虑的非平衡的可冷凝水蒸气、气泡与周围流体间的热传导、相界面处温度的不连续等。气泡满足以下假设：①气泡始终保持球对称性；②流体黏性和可压缩性无相互干扰；③重力和扩散效应可以忽略不计；④气泡内部压力分布均匀处处相等；⑤水蒸气和不可压气体无粘，满足理想气体法则；⑥水蒸气和不可压气体温度相等；⑦相比于气泡半径，热力学边界层的厚度可以忽略不计；⑧在气泡表面附近存在一个有一定厚度的区域，在该区域上始终存在连续的相变过程。根据文献[40]，交界面上的蒸发和凝结速率 $\dot{m}_l$ 可以表示为

$$\dot{m}_l=\frac{\alpha_M}{(2\pi R_v)^{\frac{1}{2}}}\left(\frac{P_v^*}{(T_{li})^{\frac{1}{2}}}-\Gamma\cdot\frac{P_v}{(T_{mi})^{\frac{1}{2}}}\right) \tag{1.17}$$

式中，α_M 是蒸发和凝结速率调节系数，等于黏附在相界面上的蒸汽分子与撞击分子的比率；P_v 是真实水蒸气压力；P_v^* 是平衡蒸汽压力；T_{mi} 和 T_{li} 分别是相界面上水蒸气和周围流体的温度；Γ 为修正因子。

此外，Fujikawa 从质量守恒方程和动量守恒（伯努利）方程出发，推出了关于速度势更高阶的波动方程：

$$\frac{\partial^2 \phi}{\partial r^2} + \frac{2}{r}\frac{\partial \phi}{\partial r} - \frac{1}{c_\infty^2}\frac{\partial^2 \phi}{\partial t^2} = \frac{1}{c_\infty^2}\left(2\frac{\partial \phi}{\partial r}\frac{\partial^2 \phi}{\partial r \partial t} + \frac{2(n-1)}{r}\frac{\partial \phi}{\partial r}\frac{\partial \phi}{\partial t} \right)$$
$$+ \frac{1}{c_\infty^2}\left((n-1)\frac{\partial^2 \phi}{\partial r^2}\frac{\partial \phi}{\partial t} + \frac{n+1}{2}\left(\frac{\partial \phi}{\partial r}\right)^2 \frac{\partial^2 \phi}{\partial r^2} + \frac{n-1}{r}\left(\frac{\partial \phi}{\partial r}\right)^3 \right)$$

$$(1.18)$$

在不连续的两相交界面上满足边界条件：

$$\left(\frac{\partial \phi}{\partial r}\right)_R = \dot{R} - \frac{\dot{m}_l}{\rho_l} \qquad (1.19)$$

式中，ρ_l 表示流体密度。若对速度势 ϕ 采取一阶近似，可以得到如方程（1.11）所示的波动方程，在柱坐标系下展开为

$$\frac{\partial^2 \varPhi_1}{\partial r^2} + \frac{2}{r}\frac{\partial \varPhi_1}{\partial r} - \frac{1}{c_\infty^2}\frac{\partial^2 \varPhi_1}{\partial t^2} = 0 \qquad (1.20)$$

如前所述，方程（1.20）的特解形式为 $\varPhi_1 = -f(\eta)/r$，并且在气泡半径 R 处需要满足边界条件（1.19），则 $f(\eta)$ 满足

$$f(\eta) = R^2\left(\dot{R} - \frac{\dot{m}_l}{\rho_{l,\infty}}\right) - \frac{R^2}{c_\infty}\left(2\dot{R}\left(\dot{R} - \frac{\dot{m}_l}{\rho_{l,\infty}}\right) + R\left(\ddot{R} - \frac{\ddot{m}_l}{\rho_{l,\infty}}\right)\right) \qquad (1.21)$$

一阶速度势 $\varPhi_1$ 满足

$$\varPhi_1(r,\eta) = -\frac{1}{r}\left(R^2\left(\dot{R} - \frac{\dot{m}_l}{\rho_{l,\infty}}\right) - \frac{R^2}{c_\infty}\left(2\dot{R}\left(\dot{R} - \frac{\dot{m}_l}{\rho_{l,\infty}}\right) + R\left(\ddot{R} - \frac{\ddot{m}_l}{\rho_{l,\infty}}\right)\right) \right) \qquad (1.22)$$

将速度势 $\varPhi_1$ 代入交界面上的压力方程（1.23）：

$$\left(\frac{\partial \phi}{\partial t} + \frac{1}{2}\left(\frac{\partial \phi}{\partial r}\right)^2\right)_R = \frac{c_\infty^2}{n-1}\left(1 - \left(\frac{p_{l,R} + B}{p_{l,\infty} + B}\right)^{\frac{n-1}{n}}\right) \qquad (1.23)$$

即可得到含一阶修正的气泡脉动方程：

$$R\ddot{R}\left(1 - \frac{2\dot{R}}{c_\infty} + \frac{\dot{m}_l}{\rho_{l,\infty}c_\infty}\right) + \frac{3}{2}\dot{R}^2\left(1 + \frac{4\dot{m}_l}{3\rho_{l,\infty}c_\infty} - \frac{4\dot{R}}{3c_\infty}\right) - \frac{\ddot{m}_l R}{\rho_{l,\infty}}\left(1 - \frac{2\dot{R}}{c_\infty} + \frac{\dot{m}_l}{\rho_{l,\infty}c_\infty}\right)$$
$$- \frac{\dot{m}_l}{\rho_{l,\infty}}\left(\dot{R} + \frac{\dot{m}_l}{2\rho_{l,\infty}}\right) + \frac{p_{l,\infty} - p_{l1,R}}{\rho_{l,\infty}} - \frac{R\dot{p}_{l1,R}}{\rho_{l,\infty}c_\infty} = 0 \qquad (1.24)$$

式中，$p_{l1,R}$ 为气泡半径 R 处的流场压力；$p_{l,\infty}$ 为无穷远处的流场压力；c_∞ 为无穷远处的声速。

1.3.2 高压气枪气泡动力学研究

1. 单枪子波模型

1970 年，Ziolkowski[25]建立了第一个气枪气泡脉动物理模型，压力脉冲被假设由一个体积等于气枪容积的球形高压气团产生，基于对 Gilmore 方程[35]的求解，获得了与实验结果较为一致的压力波形，但由于初始条件的假设过于简单，计算出的压力波幅值和周期与实验测量有明显不同。后来，Schulze-Gattermann[41]、Safar[42]等在 Keller 等[36]气泡脉动方程基础上，做了大量气枪远场压力子波模拟工作，但他们的分析都是基于质子运动速度势的线性假设，而且没有尝试对波动方程进行求解。Schulze-Gattermann[41]考虑了枪体存在的影响，忽略了气枪内气体的流动（从气枪充入气泡），并将计算结果与试验进行了对比，试验在直径 1 m 的圆柱形水槽中进行。Safar[42]将气泡脉动方程与电路相比较，对初始条件进行更改，假设初始气泡的面积与气枪开口面积相等，研究了压力子波中三个重要参数，主脉冲的振幅、主脉冲形成时间和气泡脉动的周期。Johnston[43]、Dragoset[44]考虑了充气过程中的梭阀运动情况，还对不同容积的气枪进行研究，并确定了气体状态方程中的绝热指数 γ（≈1.13）。Laws 等[45]将 Schrage[40]提出的汽化冷凝速率公式引入到了气枪模型中，详情亦可参见文献[39]。

Landrø 等[46]在 Ziolkowski 模型[25]的基础上，引入了气泡脉动方程的衰减项，考虑了气泡与周围水的热量传递，将气枪放气过程近似为开放式热力学系统进行处理，认为各时间步内，气泡温度和气泡成分都是均匀分布的，气枪与气泡间的热量传递通过具有一定面积的梭阀来进行，同时 Landrø 等化简了气枪内气体向气泡内转移的过程，提出了线性放气过程假设。Langhammer 等[47]考虑了水温对远场压力子波的影响，实验过程中保持气枪初始温度相同，发现当气泡周围水的温度由 5℃增加到 29℃时，压力子波的初泡比会增加 10%，气泡周期增加 1 ms，约为整个周期的 4%。同年，Langhammer 等[48]通过实验研究了黏性效应对远场压力子波的影响，实验是基于 1.6 in³ 的 Bolt 600 B 气枪进行的，实验发现当周围流体黏性由 6cP①增加到 723cP 时，黏性对远场压力子波的整体影响很小，周期和初泡比的变化也不大，从而认为黏性并不是造成压力子波衰减的主要原因，而水在 20℃时的黏性值只有 1.01cP，对远场压力子波的影响将会很小，黏性对计算结果的影响几乎可以忽略不计。

① 厘泊，1000cP=1Pa·s。

Li 等[49]综合考虑了气泡脉动过程中的各物理因素，包括气泡与周围水的传热、气泡中心的垂直升迁、流体黏性、气枪放气时间 τ 和气枪枪体影响等。气枪放气时间认为与气枪容积相关，满足 $\tau = \tau_0(V_{gun})^{\beta}$，气枪枪体的放气速率 dm/dt 满足

$$\frac{dm}{dt} = \tau_0 \left(V_{gun}\right)^{\beta} \sqrt{\frac{\left(P_{gun} - P_{bub}\right)m_g}{V_{gun}}}, \quad 0 < t < \tau \tag{1.25}$$

式中，m_g 为气枪内气体的物质的量；V_{gun} 为气枪容积；τ 和 β 为与气枪容积相关的基本参数；P_{gun} 为气枪内气体的初始内压；P_{bub} 为气泡内压。王立明[29]考虑了气泡脉动过程中非理想气体的影响，在计算中采用如式（1.26）所示的范德瓦耳斯（van der Waals）方程代替理想气体状态方程，更加反映了气体的真实行为：

$$\left(P_{bub} + \frac{m^2 a}{V^2}\right)\left(V - mb\right) = mR_gT \tag{1.26}$$

式中，P_{bub} 是气泡内压；V 是气泡体积；T 是气泡内温度；m 是气泡内气体的物质的量；R_g 是理想气体常数 [8.314 J/（mol·K）]；a 和 b 是范德瓦耳斯修正常量。经对比发现，当气泡内压低于 10^7 Pa 时，范德瓦耳斯气体与理想气体计算结果相差不大，但当气泡内压高于 10^8 Pa 时，二者具有明显差别（可达 2%），采用范德瓦耳斯状态方程能更加准确地描述出气泡的真实行为。Graff 等[50]在气泡脉动方程中加入了各种因素的影响，如枪体存在、有效黏性、热传导、蒸汽的汽化和冷凝等，发现气泡和周围水间的热传递是造成气枪气泡能量衰减的一个主要原因，而气枪放气时间（梭阀运动）对气泡第一周期的最大半径和压力波的主脉冲有较大影响。

此外，国内也有很多学者对气枪理论的发展做出了很大贡献，如早期，在国内对气枪理论研究还很不足的情况下，陈浩林等[51]、狄帮让等[52]就针对国外现有的几种气枪模型，结合实验实测数据对单枪压力子波模型进行了修正，虽然没有考虑气泡变形、上浮等因素的影响，但通过一系列假设计算结果同实验数据较为接近，为国内后续的气枪理论研究奠定了基础；2005 年，陈浩林等[53]在渤海湾进行了一系列实验，基于 Ziolkowski 等[54]阵列模型对实际工况进行模拟计算，得到了与美国 PGS 公司研发的 Nucleus 软件较为一致的数据；朱书阶[55]基于不可压缩气泡脉动方程对单枪和阵列远场压力子波进行了模拟研究，发现利用相干枪阵列提高信号探测分辨率理论上的可行性。国内研究气枪的文献还有很多，如文献[55]～文献[70]。

2. 阵列及相干枪模型

气枪阵列 [14]也常被叫作多枪组合阵列，其不仅弥补了单枪在探测能量上的不足，而且对气泡脉冲也有很好的压制效果，对提高气枪探测信号分辨率具有重要

意义。Giles 等[14]认为气泡间的相干性可以利用等效环境压力近似求取,将气泡外壁的流场压力等效为静水压力和其他气泡产生压力的叠加,认为气泡间的相互影响正比于 R/D,其中,R 是气泡半径,D 是气泡间隔,他们考虑了气泡间相互影响的一阶效应,采用该方法计算气泡间的相互影响,虽然精度有限,但却受到了广大学者的认可,在 Safar[71]、Nooteboom[72]、Ziolkowski 等[54]和 Dragoset[44]等的阵列压力子波计算模型中,都采用了 Giles-Johnston 近似,相干枪和气枪阵列如图 1.12 和图 1.13 所示。

图 1.12　相干枪示意图[1]

图 1.13　气枪阵列示意图[1]

采用 Giles-Johnston 近似可以有效地解决阵列远场压力子波计算问题[14],但不适用于较近距离的气枪模拟,如 Ziolkowski 等[54]建立了相对完善的气枪阵列模型,在其文章中也明确地对双枪距离做了要求,他们采用的阵列模型中任意两支枪的距离均大于 3 倍的气泡最大半径,而根据很多学者的研究以及实际工作经验[28],发现两支相同容积相干枪的最佳使用距离约为 2.35 倍气泡半径,显然这样近距离的两支气枪,并不能直接利用 Ziolkowski 模型[54]进行模拟,距离过近的两气泡在模拟过程会导致压力计算发散,使得计算终止。

产生发散的原因主要是由于 Ziolkowski 等[54]采用的是点源的思想,即忽略气泡的尺寸效应,并把每个气泡当成点源或点汇处理。我们知道,气泡到无穷远处的焓差 H 与气泡周围流场压力变化密切相关,而气泡周围流场不仅要受到自身辐射压力的波在自由面处形成的反射波的影响 Pg_{r1},还要受到阵列中其他气泡产生的压力波的影响 P_{r2}(直接压力波),如果考虑更为复杂模型的话,通常还要考虑直接压力波在自由面处形成的反射波 Pg_{r2},如式(1.27)所示:

$$H_1 = \left(P_{b1} - P_{r2} + \mathrm{Pg}_{r1} + \mathrm{Pg}_{r2}\right)/\rho \qquad (1.27)$$

式中,下标 1 代表阵列中第一个气泡;下标 2 代表阵列中第二个气泡;P_b 是气泡内压。在 P_{r2} 的计算时采用线性衰减公式,认为压力子波在水中的传播随距离线性衰减,该方法其实只适用于远场测点,即传播距离大于压力波波长的情况。如果 d 表示两个气泡中心的距离,那么原本编号为 2 的气泡中心压力 P_2,传播到另一个气泡中心时变成了$(R/d)\cdot P_2$，当两个气泡距离较近的时候，气泡膨胀可能会出现气泡中心被临界气泡吞没的情况（$R>d$），这样传播到另一个气泡中心的压力不仅没有衰减反而增大了，极有可能会造成压力的阶跃变化。

为解决计算发散问题人们提出了很多办法，当双枪间距 D 大于无干扰的临界距离时，认为阵列相当于协调枪，气泡间的相互作用可以忽略不计，远场压力子波可以等效为各气枪独立激发产生远场压力子波的线性叠加；而当双枪间距 D 小于无干扰临界距离，但大于融合的临界距离时，气泡间的相互作用可以利用Ziolkowski 模型[54]计算；当双枪间距小于融合距离时，计算过程中将双枪等效为一支大容积的单枪，单枪容积等于双枪容积的加和值。关于两支气枪不相互干扰的临界距离，即相干的临界距离的判据，很多学者也进行了很多实验和理论分析，王立明[29]、Vaage 等[73]也对临界距离进行了详细论述，并对 Safar 准则、Nototeboom准则和 Johnston 准则进行了进一步推导。

根据文献[71]，当两支独立气枪间距大于 10 倍的气泡平衡半径，气枪间的相互作用可以忽略不计，即临界距离 D_s 满足

$$D_s = 6.2V_{\text{gun}}^{\frac{1}{3}}\left(\frac{P_{\text{gun}}}{P_\infty}\right)^{1/3.24} \tag{1.28}$$

式中，V_{gun} 为每支枪的容积；P_{gun} 为每支枪的内压；P_∞ 为无穷远流场压力。根据文献[72]，临界距离 D_N 满足经验公式：

$$D_N = 5.1\left(\frac{P_{\text{gun}}\cdot V_{\text{gun}}}{P_\infty}\right)^{\frac{1}{3}} \tag{1.29}$$

式中，5.1 是一个经验常数，与式（1.28）相比，式（1.29）约为 8.2 倍气泡平衡半径。根据 1978 年 Johnson 在洛杉矶第 48 届 SEG 会议上的论文[73]，临界距离 D_J 为 3 倍最大气枪气泡直径 D_{gun} 与气枪枪体直径之和 d_{gun}，满足

$$D_J = 2.85V_{\text{gun}}^{\frac{1}{3}}\frac{P_{\text{gun}}^{0.341}}{P_\infty^{0.352}} + d_{\text{gun}} \tag{1.30}$$

式中，d_{gun} 为气枪口处的气枪直径。但是根据 Vaage 等[73]不同间距双枪实验，发现即便是临界距离最大的 Safar 准则，气枪气泡间的相互影响依然存在，气枪气泡间的相互作用仍不可忽略。

气枪气泡融合的临界距离一般取 2 倍的气泡半径[28,74]，即认为当气枪初始间距小于 2 倍气泡半径时，两气泡脉动过程中会发生融合，计算前通常将两个气枪等同于一个大容积单枪处理。基于边界积分法，韩蕊[75]建立了更加复杂的三维气泡脉动融合模型，并提出当两个气泡表面节点最小法向距离不足 0.02 时气泡发生融合，并研究了非球形气泡的后续脉动情况。Zhang 等[76]利用轴对称边界积分法研究了气泡最佳相干距离，尝试了利用边界积分法对气枪气泡脉动进行模拟，发

现当两气泡间距为 1.6 倍气泡最大半径时，压力子波的初泡比的值最大，但主脉冲衰减的较为明显，若综合各方面因素考虑，2 倍气泡半径或许是个更好的选择。此外，关于相干枪的研究还有很多，如文献[45]、[77]和[78]等。

3. 阵列设计及优化方法

随着海洋工程的不断发展，对海洋资源的探索逐渐由浅海走入深海，同时也对海上震源的使用提出了更高的要求，如何使气枪产生的远场压力子波能传播更远的距离，且具有足够的能量穿透海底的地质结构，一直是人们亟待解决的问题。震源不仅要有足够大的初始能量，而且要有足够的低频成分，以满足更深、更远的探测要求，为提高气枪信号的探测精度，人们提出了很多办法：一种是在气枪外面加装带孔的筛子，利用带孔的筛子破坏气泡的脉动、抑制气泡脉冲[27,79]；还有一种是在气泡膨胀至最大体积的时候，继续向气泡内充入高压气体，达到延缓气泡收缩的功效，也就是我们常说的 GI 枪[26,60,80]，虽然这种方法可以有效地压制气泡脉冲，但同时加剧了空气的消耗量，即降低了空气的有效利用率。目前国际上采用最多的方法是多枪组合阵列，通过对具有不同容积和内压的气枪有效布置，以及发射时间的合理控制等，实现气泡间的有效相互压制，从而降低气泡反复振荡对地震勘探的影响。

朱书阶[55]根据阵列是否含相干枪将其分成三大类：相干组合、调谐组合、调谐-相干混合。相干组合指的是两支容积相同的气枪，依据气泡相切最大抵消原理来减弱气泡脉冲，达到提高压力子波初泡比的目的；调谐组合通常是指不同容积的气枪间的组合，各气泡独立脉动，激发后的主脉冲线性同相叠加，但各气泡具有不同周期，各单枪气泡脉冲存在一定相位差，叠加后使得气泡脉冲减弱；调谐-相干混合一般是指充分相干后的调谐阵列。因此，为获得一个在很短的时间内能发射足够大能量的气枪阵列震源，人们需要对气枪阵列进行设计，设计的具体内容包括阵列布置中各气枪间距、各气枪容积以及发射时间等[11]。

王卫华[81]对比了不同形式的震源组合激发子波和单震源子波，包括梅花形震源组合和线性排布震源组合，如图 1.14 所示。不同的组合下压力子波的叠加具有明显差异，单震源发射的子波信号若不考虑反射影响，各方向的子波形态基本相同，而多震源组合激发的子波信号各方向差异性较大，能量传递有很强的方向性，图中球面波交叉的区域为干涉区，图形最外一层为波叠加后的包络，包络线上的震源子波能量密度分布并不均匀，震源子波的方向性也是多震源布置时必须考虑的因素，通常设计者会想尽办法增大向下传播的能量。根据王卫华的研究，发现单震源激发是陆地上纵波勘探的最佳激发方式，而梅花形震源组合是模拟单震源激发模式的有效方法。对于水下多震源来说，除了能量利用率外，干扰信号（气泡脉冲）的压制也是阵列设计的重点，虽然多震源组合会导致波的干涉而损失部分能量，但叠加后的子波信号却可能具有更好的探测分辨率。

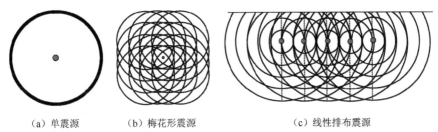

（a）单震源　　　（b）梅花形震源　　　　（c）线性排布震源

图 1.14　不同震源形式激发的波前面示意图[81]

Nooteboom[72]提出利用气枪气泡周期和主脉冲等经验公式进行阵列设计，主要适用于协调枪阵列，各气枪远场压力子波的形态可通过周期经验公式进行预估，利用气泡脉冲到达远场测点的时间差，减弱气泡脉冲，但经验公式主要是针对单枪压力子波，并没有考虑气泡间的相互影响，根据 1.3.2 节的内容我们知道气枪间距的影响多数情况下是不可忽略的，若直接采用单枪压力子波叠加来优化子阵，计算结果的精度和可信度都相对较低。Safar[71]提出利用多枪耦合的方式来压制气泡脉冲，并且他通过实验发现四枪相干气泡脉冲可以削减 50%。Moya 等[82]将遗传算法引入到了地震源研究中，用以对部分震源参数的优化，如低频段曲线的光滑度和拐角频率等。遗传算法是 1975 年由美国 Holland[83]教授提出的，模拟生物进化规律，在大量粒子空间中粒子随机搜寻的快速算法，基于该算法 Jin[84]测定了日本中部的 Atotsugawa 断裂带[85]。

2015 年，叶亚龙等[69]将粒子群智能优化算法引入到了阵列设计和远场压力子波的优化中。粒子群算法自 1995 年 Kennedy 等[86]在国际会议上提出来后，引起了业界广大学者的普遍关注，该算法具有易实现、高精度和快速收敛等优良特性[87-88]。后来在 Kennedy 的建议下该算法被进一步简化[89-91]，2002 年，Coello 等[92]和 Parsopoulos 等[93]尝试用该算法来解决多目标函数问题。2015 年，羊慧[24]利用粒子群算法进行了大量压力子波工作，但其所采用的目标函数和控制变量相对较少，而且用来计算远场压力子波的气枪阵列模型精度有限，该方法并没有引起大家的广泛认可。2017 年，Zhang 等[94]对多气枪组合阵列模型进行了改进，使得计算结果同实验误差明显缩小，并在叶亚龙和羊慧所建立的模型基础上，进一步拓宽了目标函数和控制变量的种类，提出了含约束的粒子群优化算法，获得了较好的远场压力子波优化效果。

1.3.3　数值模拟研究

气枪多用于海底资源勘探，压力波的波长远大于气泡半径，对于远场测点压力计算，气泡形态通常被忽略，即认为气枪气泡形态变化对远场压力子波的影响不大，所以关于非球形气枪气泡的数值模拟相对较少。随着气枪气泡用途的拓展，气枪气泡的近场压力求取也变得十分有意义，气枪气泡形态变化研究也引起了人们的广泛关注，如澳大利亚皇家海军尝试利用气枪代替水下爆炸气泡进行舰船的抗冲击测试[50]，此外，很多学者提出了气枪气泡在破冰上具有很大的应用前景[95]。鉴于后文采用了边界积分法和有限体积法对非球状气枪气泡问题进行研究，所以本节只简要论述这两种方法在气泡动力学研究领域中的应用情况。

1. 边界积分法

边界积分法（boundary integral method，BIM）也被叫作边界元法，基于边界积分法来研究气枪的文章相对较少。2004 年，Cox 等[96]基于边界元法建立了轴对称气枪气泡模型，解决了传统球状气泡理论中无法考虑的气泡非球形以及上浮效应等问题，研究了单气泡模型和竖直排列的两气泡间的相互作用，但当射流穿透气泡表面后计算就终止了，并没有给出多周期的远场压力子波形态，而且轴对称模型难以模拟大规模的三维气枪阵列气泡。2014 年，叶亚龙等[97]采用三维边界元模拟气枪气泡的相互作用以及融合现象，对气泡最佳相干距离进行了研究，对于射流穿透后的气泡采用了能量和压力等效方法，获得了多周期远场压力子波，但该方法的精度仍有待进一步验证。2015 年，叶亚龙[70]尝试利用边界元法对多枪气泡群问题进行研究。由于气泡数量多，边界元法的计算量明显增加，且气泡在不同时刻出现不同方向的射流、融合以及撕裂等强非线性问题，气泡表面的拓扑结构需要进行许多特殊处理，给边界元法带来了更大麻烦。为减小气泡群在计算过程的计算量，2016 年，Huang 等[98]尝试了用快速边界元算法模拟阵列气泡的脉动情况，大幅改善了边界元法在计算大模型时的计算速度，但同 Cox 等[96]一样，计算同样在射流穿透气泡表面后终止。

工程应用中，往往需要对多周期的气泡脉动进行研究，这大幅限制了边界元法在气枪气泡领域中的应用，但在水下爆炸气泡、空化气泡、上浮气泡等变形较小或不要求多周期计算的领域中，边界元法得到了广泛应用。边界元法相比于有限体积法、有限元法以及有限差分法等，不仅可以精确捕捉气泡边界，而且降低了计算的维度，流场中任意一点的值都可以通过流场边界计算出来[99]，如图 1.15 所示。基于边界元法，Blake 等[100-101]模拟了气泡在自由面附近的膨胀与坍塌，流场被看作是无旋、无粘、不可压，气泡与自由面相互耦合的基本特征与实验结果吻合良好，气泡内部形成的射流、自由面隆起形成的复杂的水冢形态得到了合理解释；1998 年，Zhang 等[102]建立了三维的边界元气泡模型，研究了单个或多个气泡与自由面的相互作用，流场边界速度更新采用了九节点拉格朗日差值法，且与 Rayleigh-Plesset 模型对比验证了模型的正确性；2001 年，Robinson 等[103]研究了高度非线性的自由面与单气泡或多气泡的相互作用，但同 Blake、Khoo 等一样，也只是针对射流穿透气泡表面前的阶段进行研究，并没有对后续气泡回弹、环状气泡问题进行继续研究，而且为了避免计算结果发散，大多数研究中都会将气泡与自由面的距离设置的相对较大。

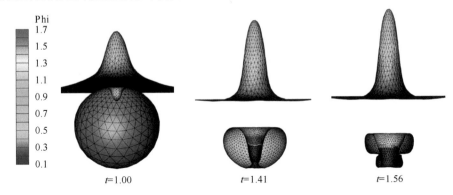

图 1.15　基于边界积分法的自由面下气泡脉动模拟[99]

色图刻度表示速度势 Phi 的大小

1996 年，Wang 等[104-105]在奇异积分的处理上做出了重大改进，并基于 Blake 和 Gibson 利用气泡表面最大速度势增量控制时间步长的思想，对时间步增量的计算做出了进一步修整，第一次实现了对距离参数 0.5 的气泡与自由面相互作用的模拟，克服了由于距离过近引起的数值计算发散，并引入 Lundgren & Mansour 涡环模型[106]，实现了对后续阶段双连通环状气泡的数值模拟，至此，边界元法在气泡动力学领域中的应用进入了新的发展阶段。2004 年，Pearson 等[107]同 Robinson 等[103]一样，研究了高度非线性的单气泡与竖排双气泡在自由面作用下的脉动情况，完成了更长时间（多周期）的气泡脉动计算，模拟了射流穿透气泡表面后的气泡形态。

基于边界元法的气泡与刚性壁面、气泡与弹性模以及气泡与其他复杂边界的研究也比较多，如 Blake 等[108-110]、Brujan 等[111]、Pearson 等[112]、Klaseboer 等[113]、Jayaprakash 等[114]、Zhang 等[115-116]，研究了单气泡或多气泡与刚性壁面的相互作用；Brujan 等[117]、Turangan 等[118]研究了气泡与弹性边界的相互作用；Han 等[119-121]研究了双气泡间的相互作用；Liu 等[122]研究了在壁面和自由面联合作用下的气泡脉动；Huang 等[123]研究了声场中的气泡；Li 等[124]研究了气泡与粒子的相互作用。国内戚定满等[125-127]、程晓俊等[128]、鲁传敬[129]、蔡悦斌等[130-131]、冷海军[132]、Li 等[133-134]、宗智等[135-136]为气泡动力学发展做出了很大的贡献，为边界元气泡在国内的研究和发展提供了很好的基础。

2. 有限体积法

有限体积法（finite volume method，FVM）是计算流体力学中一种常用的数值方法[137]，也常被用作水下气泡脉动问题的研究，同边界积分法等一样，初始气泡通常被假设为一团高压、高密度的气体[138-140]，不考虑复杂的气体成分对气泡脉动的影响，有限体积法有一个明显的优势就是当气泡发生撕裂或射流击穿等复杂过程时，并不需要对网格拓扑结构进行处理，不像边界积分法中气泡被射流击穿后，气泡拓扑结构要从单联通变成双联通，而且还要引入涡环模型，才能完成后续运算。有限体积法比较擅长气泡脉动过程模拟，借助于流体体积函数法（volume of fluid，VOF）可以完成气泡界面的捕捉，但捕获的气泡界面实际上是具有一定厚度的网格，并不像边界积分法具有确定的气泡边界，而且有限体积法受限于计算域的尺寸，对于域外的远场压力求解十分困难。因此，本书只是利用有限体积法讨论了气枪气泡脉动过程以及近气泡压力分布情况，成功地模拟了气体从气枪口喷出的过程及形态演变，为工程中气枪结构设计提供一定的理论依据。

有限体积法发展的比较成熟，已有很多可参考的相关文献资料发表，为后续的自主开发提供了有利条件，如图 1.16 所示，基于有限体积法的气泡脉动过程模拟。2013 年，Miller 等[141]开发了一个基于压力的可压缩两相流的有限体积求解模型，采用中心有限体积法的空间离散格式对两项流控制方程进行求解，研究了水下爆炸气泡脉动特性。基于有限体积法，Müller 等[142-143]研究了无粘可压缩流体中柱形气泡和球形气泡脉动情况。Ochiai 等[144-145]利用可压缩的气液两相流局部均匀模型，数值分析了距壁面不同距离下的非球形气泡溃灭行为和诱导冲击压力，以及超声波作用下的气泡运动特性。Han 等[146]基于有限体积法对激光气泡脉动过程进行了模拟，研究了单个或多个激光气泡的动力学特性，Zhang 等[147]基于有限体积法建立了水下高压气枪气泡脉动模型，研究了枪体影响下气枪气泡脉动特性。

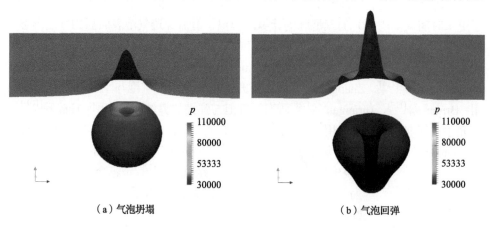

（a）气泡坍塌　　　　　　　　（b）气泡回弹

图 1.16　基于有限体积法的气泡脉动过程模拟

1.3.4　实验研究

1. 高压脉动气泡实验

　　早期的气泡脉动实验研究多通过水下爆炸气泡进行[138,148-149]，但由于爆炸气泡透明度较差、成本较高、污染严重等缺点，目前，实验室条件下的气泡研究多采用空化气泡进行，如电火花气泡和激光气泡等，空化气泡的高效性在后来的试验研究中也得到了反复验证。本书发现最早的电火花气泡研究开始于 Naude 等[150]，他们通过电火花气泡成功地观察到了气泡内射流对固体边界的冲击毁伤；后来 Gibson 等[151]、Blake 等[100,108]以及 Chahine 等[152-153]基于电火花气泡装置进行了大量实验，为气泡坍塌、射流、环形变化等的解释提供了大量宝贵的实验数据；1975年，Lauterborn 等[154]在水空泡和声空泡之外开辟一个新的领域——光空泡，利用激光在水槽中固定位置的聚焦，使得聚焦点附近流体具有较高的能量密度，为后续气泡的形成和脉动提供了能量。关于光空泡的使用实际上可以追溯到更早，如 Felix 等[155]的研究，激光气泡具有良好的球对称性和操控性，在气泡实验中占有重要地位[156-159]。

　　早期的空化气泡研究主要关心气泡的射流和形态变化等情况。壁面附近脉动的气泡会形成指向壁面的高速射流，该射流是造成水轮机和螺旋桨空化腐蚀[157,160-161]的主要原因，在带给人类巨大危害的同时，它也被广泛应用于各行各业，如超声波空化清洗[162-164]、医学中体外冲击波碎石[165]等。在气泡的应用过程中，气泡大小和射流速度的控制极为关键，因此不同边界附近的气泡坍塌射流研究对于工程应用具有重要意义。随着气泡动力学的发展，人们发现除了气泡内部形成的高速水射流外[150,166-167]，气泡造成结构毁伤的另一个重要原因就是压力脉冲的辐射[157,168]，如图 1.17 所示，气泡在初始形成或体积接近最小时刻，都会向外辐射压力子波脉冲。

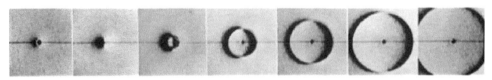

图 1.17　气泡辐射的压力脉冲[168]

　　此外，1977 年 Chahine[169]通过电火花气泡实验，研究了气泡与自由面的相互作用，并且发现当气泡距自由面大于 3 倍气泡最大半径时，自由面的影响几乎可以忽略不计。Blake 等[100]对比了电火花气泡和边界积分法的数值计算结果，并且发现二者吻合较好，同时也反向说明了水的黏性、可压缩性对电火花气泡脉动影响并不大；Robinson 等[103] 和 Tomita 等[159]研究了单气泡、多气泡与自由面的相互作用，但由于气泡尺寸过小，气泡内部射流并不是十分清楚。对于气泡与其他边界的实验研究也有很多，如圆柱壳内的气泡脉动[170-171]、球形液滴中的气泡运动[172]等。国内的气泡实验研究开展的相对较晚，但发展迅速并获得了很多优秀成果[173-174]。

2. 气枪气泡实验

气枪实验研究多基于全比例的真实气枪，但人们把更多的关注放在了远场压力子波的测量上，关于气泡运动形态的研究相对较少，实验中用的最多的是小容积的 Bolt 枪。Langhammer 等[47-48]基于气枪实验分别研究了水温和黏性对远场压力子波的影响，Langhammer 等[12]利用高速摄影技术成功地记录了气枪气泡的运动形态，并对气枪信号进行了实际测量，对气枪气泡的理论研究具有重大意义。Johnston[175]对比了 2000 psi 和 6000 psi 气枪气泡。Ziolkowski[25]通过近场压力子波测量给出了空气绝热指数 1.13。Laws 等[176]利用实验对比了三种方法气枪远场压力子波。Vaage 等[177]研究了气枪阵列的发射与不同初始参数间的关系。2014 年，Graff 等[178-179]在前人的研究基础上开发了实验室条件下的气枪模型，该模型是典型的四开口形式，气枪容积为 14.5 cm³，内压最高可达 100 bar，起始高压气体从出气口快速喷出形成四个小气泡，随着各小气泡体积膨胀，各小气泡逐渐融合为一个大气泡，气泡脉动过程十分复杂，如图 1.18 所示。气枪气泡具有较高的透明度，Graff[50]结合实验研究了加入衰减项的 Gilmore 方程，进一步提高了远场压力子波的计算精度。

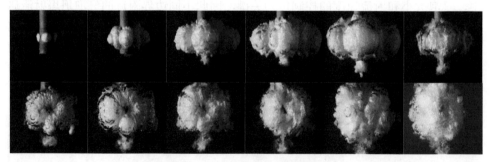

图 1.18　气枪气泡脉动过程[178-179]

澳大利亚进行了两次舰船抗冲击实验，利用全比例的商业气枪对小比例船模进行抗冲击波检测[180]。国内，丘学林等分别在 2001 年和 2004 年进行了南海东北部海陆联合勘探计划[181-182]，并对大容积气枪信号的最大传播距离、有效覆盖范围等进行了研究。近年来，徐嘉隽等[183]、胡久鹏等[184]研究了水体（包括海洋、水库、内河等）对大容积气枪激发的影响。综上，大部分实验研究把更多的注意力放在了压力子波的测量上，关于气枪气泡脉动情况以及近场压力分析的相对较少。

1.4 国内外研究综述小结

气枪凭借其绿色环保、性能稳定、操作简便等优点，成了目前应用最为广泛的深海勘探震源，气枪气泡动力学的理论研究对于工程应用具有重要价值，也是改善气枪性能、提高自主研发能力的重要途径，但气枪自身结构的复杂性以及开口类型的多样化，使得气枪喷射出的气泡往往具有明显的非球形特征，大幅增大了理论和数值研究的难度。目前，国际上气枪气泡的理论研究多基于球形气泡假设进行，人为地忽略了气泡形变对气枪辐射出的压力波的影响，在实验方面，研究人员也多把精力放在远场压力的变化上，对气泡变形和近场压力研究相对较少。因种种原因，国内的气枪气泡理论研究起步比国外晚很多，而且依赖于封装的商业软件，自主创新能力不足。总之，目前气枪气泡动力学行为的相关理论、数值和实验研究尚不完善，仍处于发展阶段，关于气枪气泡融合、非对称射流、撕裂等问题的相关文献资料十分少见，许多基础性力学问题仍需探索，气枪气泡领域的研究依然存在以下几方面的不足：

（1）目前，国内各石油公司多使用 1990 年美国 PGS 公司开发的 Nucleus 软件和美国 Oakwood 公司开发的 Gundalf 软件，进行气枪阵列的远场压力子波模拟计算，但这些软件不具备阵列设计和枪阵布置反演优化功能，并且不提供二次开发的接口，使得我国在海底资源勘探上处于被动地位，制约了我国深海勘探的发展。

（2）目前气枪的理论研究仅限于球形气泡脉动方程，忽略了真实气泡脉动过程中产生射流、融合以及迁移等强非线性因素对压力波的影响，与实际应用还存在着较大的差距。对于远场测点来说，气泡变形或许不会造成太大影响，但对于近场压力来说气泡变形是不可忽略的，而国内外在这方面的相关研究还比较少。

（3）相干枪气泡模拟过程中为避免融合现象发生，在球形气枪气泡理论中多在计算开始前，直接将两个相干枪气泡等效为一个大容积气枪气泡脉动，但这种近似方法计算精度较低，并且难以分析相干枪气泡最佳相干距离。

（4）目前关于气枪结构对气泡运动特性和周围流场影响的研究相对薄弱，对枪体形状、开口尺寸、开口位置、气枪容积、梭阀结构等对气枪性能影响的机理研究相对较少，限制了气枪自主研发进程，不利于气枪性能的提高。

（5）枪体、水面等边界条件以及传热传质对气泡脉动的影响也十分明显，在理论上即使经多次简化，分析的难度也很大，而在实验研究方面，目前更多是关注气枪气泡的远场压力，而对于气泡脉动、射流等基本物理现象的规律研究关注甚少，相关基础性研究比较薄弱。

（6）关于高压气枪气泡与水面船舶等结构的流固耦合相互作用研究甚少，这方面发表的相关文献资料比较少见。

1.5 本书主要内容

气枪气泡的脉动过程往往较为复杂，常常伴随着强非线性效应，为气枪气泡脉动中基础力学问题的研究增加了很多困难。为进一步掌握气枪气泡动力学特性，本书采用了多种方法对气枪气泡脉动及流场压力特性进行分析，如图 1.19 所示，包括球形气泡动力学理论、边界积分法、有限元法、有限体积法以及机理性气泡实验法等，这些方法各有优势和不足，工程中可根据气枪使用的不同要求，选择合适的计算模型和方法。

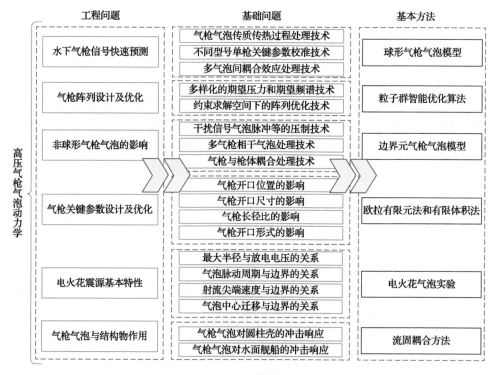

图 1.19　本书的基本内容框架图

本书的主要工作可概括如下：

（1）依据可压缩流体动力学理论，计入高压气枪气泡传质传热过程和多气泡间的耦合效应，建立了高压气枪阵列远场压力子波计算模型与方法，并开发了计算软件，计算值与实验值吻合良好，实现了气枪阵列远场压力子波预测。

（2）引入粒子群智能优化算法，建立了气枪气泡期望压力和期望频谱模型与计算方法，突破工程应用中气枪阵列布置正演和反演快速优化的技术难点，解决了气枪阵列中单枪位置、容积、发射时间的调整难题。

（3）基于边界积分法，建立轴对称和三维气枪气泡动力学模型，研究了气枪气泡脉动过程中高速射流、融合以及气泡迁移等强非线性因素对压力子波的影响特性，并给出了气枪沉放深度和多气枪相干等因素对压力子波的影响规律。

（4）依据欧拉有限元法和有限体积法，建立了计入枪体结构影响的气枪气泡复杂动力学模型，给出了气枪的枪体长径比、开口位置和开口尺寸等参数对压力子波的影响规律，为解决气枪设计过程中关键参数的确定提供了基础性技术支撑。

（5）发展了高压放电大尺度气泡实验原理与实验方法，并研发了相应的实验装置，生成了高压大尺度脉动气泡，解释了近边界气泡运动、高速射流等强非线性特性，并验证了本书提出的计算模型的正确性。

（6）建立了高压气枪气泡与水中结构耦合模型与计算方法，给出了高压气枪气泡载荷作用下结构的流固耦合冲击毁伤特性。

第 2 章

高压气枪气泡压力
子波的快速模拟及优化

2.1 引　言

目前,石油公司和相关科研单位广泛采用 Nucleus 软件和 Gundalf 软件进行气枪震源的远场压力子波计算与分析,但这些软件不具备阵列设计和枪阵布置反演优化功能,并且不提供二次开发的接口,给高压气枪海洋资源勘探带来了巨大的困难,使得我国在海洋资源勘探领域处于被动地位,制约了我国海洋勘探的发展。为此,针对上述研究现状,本章依据可压缩流体动力学理论,建立了计入高压气枪气泡传质传热过程单枪气泡脉动模型,计入多气泡耦合效应的阵列气枪气泡脉动模型,实现水下任意测点位置气枪阵列震源远场压力子波的快速预测,为高压气枪海洋资源勘探的相关研究提供理论依据和基础性技术支撑。

2.2 高压气枪气泡基本理论

2.2.1 单枪气泡脉动模型

本节主要讨论如何建立一个高精度单枪气泡脉动物理模型,使其能够准确模拟出远场测点的压力子波。根据 Ziolkowski 假设,当压力波波长远大于气泡半径时,气泡的尺寸效应和形态变化对于远场测点压力的影响可以忽略不计,所以在远场压力子波计算时,气枪气泡在脉动过程中被当作球形气泡处理,而对于球形气泡问题的求解我们已经在 1.3.1 节中进行了讨论。本章采用 Gilmore [35] 提出的球形气泡脉动方程,计及了流体的黏性、可压缩性等,为控制多周期的气泡能量衰减问题,在脉动方程中加入了衰减项[80],如下式所示:

$$\ddot{R} = \frac{H\left(1+\dfrac{\dot{R}}{C}\right)+\dfrac{R\dot{H}}{C}\left(1-\dfrac{\dot{R}}{C}\right)-\dfrac{3\dot{R}^2}{2}\left(1-\dfrac{\dot{R}}{3C}\right)-\beta_1\dot{R}+\beta_2\ddot{R}}{R\left(1-\dfrac{\dot{R}}{C}\right)} \tag{2.1}$$

式中，R 是气泡半径；C 是流场中的声速；H 是气泡壁处的焓差，定义为 $H=\int_{P_\infty}^{p}1/\rho\,\mathrm{d}p$；$\beta_1$ 为衰减常数；β_2 为额外的经验因子，若 $\beta_1=0$、$\beta_2=0$，方程（2.1）即变为我们熟悉的从 Kirkwood-Bethe 假设[34]出发推导出的 Gilmore 球形气泡脉动方程。根据 Tait 方程 $(p(r)+B)/(P_\infty+B)=(\rho/\rho_\infty)^n$（其中 B 和 n 的取值与流体的种类有关，对于水 $B\approx3\times10^8\,\mathrm{Pa}$，$n\approx7$）。经简单推导，气泡壁处流场到无穷远处的焓差可以简化为

$$H(t)=\frac{n(P_\infty+B)}{(n-1)\rho_\infty}\left(\left(\frac{p(R,t)+B}{P_\infty+B}\right)^{\frac{n-1}{n}}-1\right) \tag{2.2}$$

式中，$p(R,t)$ 是气泡外壁处的流场压力；P_∞ 和 ρ_∞ 分别是无穷远处的静水压力和水密度。根据流体动力学，声速在流场中的传播速度可以表示为

$$C(t)=\frac{\mathrm{d}p}{\mathrm{d}\rho}=c_\infty\left(\frac{p(R,t)+B}{P_\infty+B}\right)^{\frac{n-1}{2n}} \tag{2.3}$$

式中，c_∞ 是距离气泡无穷远处的声速，并满足方程 $c_\infty^2=n\cdot(P_\infty+B)/\rho_\infty$。关于方程（2.1）～方程（2.3）的详细推导可以参看文献[35]和文献[185]。

将方程（2.2）和方程（2.3）代入方程（2.1）中，方程（2.1）则可以写成一个关于时间 t、气泡半径 R 和气泡外壁环境压力 p 的一个函数，要想求出任意时刻的气泡半径，我们还需要补充一个条件，即气泡外壁处的环境压力与气泡半径的关系（状态方程），如果流场的黏性、表面张力不可忽略，则气泡内壁和外壁处的压力不等[38,186]，满足

$$p(R,t)=P_{\text{bub}}-\frac{2\sigma}{R}-\frac{4\mu\dot{R}}{R} \tag{2.4}$$

式中，σ 和 μ 分别是表面张力系数和黏性系数，气体作用于气泡内壁上的压力 P_{bub} 主要包括两部分，不可压缩气体压力 P_g 和可冷凝气体的饱和蒸汽压 P_v。P_v 的大小主要取决于气泡内的气体成分，关于可冷凝气体 P_v 的影响这里我们暂不考虑，即 $P_v=0$，后面我们将通过高压电火花气泡实验，进一步分析 P_v 对气泡脉动的影响。P_g 通常被当作理想气体来处理，根据 Boyle 定律，$P_g=P_0(R_0/R)^b$，其中 b 为气体绝热指数。根据气泡周期的数值和实验对比，Ziolkowski[25]认为 b 取 3.4 时实验和数值结果吻合最好。为进一步提高计算精度，这里我们采用了王立明[29]范德瓦耳斯

气体模型求取气泡内压:

$$\left(P_g + \frac{am^2}{V^2}\right)(V - bm) = mR_gT \tag{2.5}$$

式中,V 为气泡体积;m 为气泡内气体的物质的量;T 为气泡内气体温度;R_g 为理想气体常数;a、b 为范德瓦耳斯修正系数。

现在只要给出合适的初始条件,即可对方程(2.1)进行迭代求解,亦可采用精度较高的四阶龙格-库塔法等,这里我们采用了如下的迭代求解方法。若时间增量为 Δt,每一迭代时间步气泡壁面运动速度和半径的更新满足如下公式[94]:

$$\dot{R}(t + \Delta t) = \dot{R}(t) + \left(\ddot{R}(t)\Delta t + \dddot{R}(t)\frac{\Delta t^2}{2}\right) \tag{2.6}$$

$$R(t + \Delta t) = R(t) + \left(\dot{R}(t)\Delta t + \ddot{R}(t)\frac{\Delta t^2}{2}\right) \tag{2.7}$$

根据方程(2.1)~方程(2.7)以及给定的初始条件,则可求出每一时刻气泡壁处的焓差 H、速度 U 以及半径 R,基于此三个物理量,我们可以继续对流场中任意一测点的流场速度 $u(r, t)$ 和压力 $p(r, t)$ 进行求解,如下式所示[36,185]:

$$u(r, t) = \frac{1}{r^2} f\left(t - \frac{r}{c_\infty}\right) + \frac{1}{r \cdot c_\infty} f'\left(t - \frac{r}{c_\infty}\right) \tag{2.8}$$

$$p(r, t) - p_\infty = \rho_\infty\left(\frac{1}{r} f'\left(t - \frac{r}{c_\infty}\right) - \frac{u^2(r, t)}{2}\right) \tag{2.9}$$

式中,r 是气泡中心和流场测点的距离;函数 $f(t - r/c_\infty)$ 来自于著名的球对称波动方程的解,满足如下公式:

$$f'(t - r/c_\infty) = R(t)\left(H(t)^2 + \frac{U(t)^2}{2}\right) \tag{2.10}$$

$$f(t - r/c_\infty) = R^2(t) \cdot U(t) - \frac{1}{c_\infty}\left(H(t)^2 + \frac{U(t)^2}{2}\right) \tag{2.11}$$

2.2.2 传质传热过程分析

气枪气泡模型不同于水下爆炸气泡,气泡内气体的物质的量一开始并不是恒定的。本章人为地将气枪气泡脉动过程分成了两个阶段:第一阶段是气枪快速放气过程（$t < \tau$);第二阶段是气枪气泡的自由脉动过程($t > \tau$),τ 为停止放气的时间,即气枪开口关闭的时间,如图 2.1 所示。气枪放气过程是指气体从气枪气室转移到气泡内部,这过程也就是本书所说的"传质过程"。气枪气泡的脉动周期一般在一百毫秒量级,气枪气泡在漫长的膨胀收缩过程中,气泡内气体与周围水的热量交换并不可忽略，本书将其称为气枪气泡的"传热过程"。

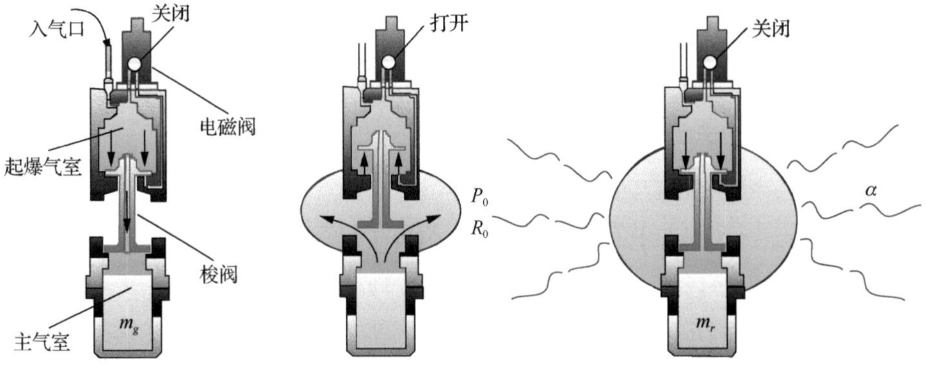

图 2.1　简化的气枪气泡物理模型[76]

Ziolkowski 经典气枪气泡模型[25]虽然成功地计算出了远场压力子波的形态，但实验结果与理论计算差别很大。为模拟出更加精确的远场压力子波，本章将气泡的传质传热过程加入到了球形气枪气泡脉动模型中，并且提炼出两个参数对上述过程进行定量分析，一个是气枪和气泡通过梭阀的气体转移速率 dm/dt，另一个是气泡内气体与周围水的热量交换速率 dQ/dt。通过后文的计算发现 dm/dt 对震源子波的主脉冲即压力振幅的影响比较大，而 dQ/dt 对气泡脉冲和气泡周期影响较大，但这两个参数在实验中都很难获得，为便于计算我们对传质传热过程进一步进行了简化。

对于气枪的放气过程，本章采用了 Landrø 等[46]提出的线性连续输出模型，但在模型中我们引入了控制气枪放气效率的参数 η，η 定义为关枪瞬间（$t=\tau$）已充入气泡内的气体的物质的量 m_{bub} 和初始气枪气室内气体物质的量 m_{all} 的比值，即 $\eta=m_{bub}/m_{all}$。气泡自由脉动阶段被假设为一个开放式热力学系统，气体经在梭阀推动下从气枪气室转移到气泡内的过程是一个准静态的热力学过程，满足热力学第一定律：

$$\left(\delta Q+\left(h_1+\frac{c_{f1}^2}{2}+gz_1\right)\delta m_{in}\right)-\left(\left(h_2+\frac{c_{f2}^2}{2}+gz_2\right)\delta m_{out}+\delta W\right)=\delta U \quad (2.12)$$

式中，δQ 为系统从外界吸收的热量；δU 为系统内能增量；h_1 为冲入气泡内的气体的焓；c_{f1} 为气体充入速度；gz_1 和 δm_{in} 分别为充入气泡内气体的势能和物质的量；变量 h_2、c_{f2}、gz_2 和 δm_{out} 为流出气泡内气体的相应变量；δW 为气泡内部气体对外做功，也就是说式（2.12）左侧减号前的部分代表了流入系统内的能量，式（2.12）左侧减号后的部分代表了流出系统的能量。

对于一个准静态热力学过程来说，流入气泡内气体的焓可以表示为 $h = C_p T$，气泡内能 $U = mC_v T$。根据理想气体的状态方程，气泡内气体对外做功为 $W = P_{bub} V = m R_g T$，其中 m 和 T 分别为系统内气体物质的量和温度。C_p 和 C_v 分别为等压和等体比热容，并且满足公式 $R_g = C_p - C_v$，其中 R_g 为理想气体常数[8.314 J/(mol·K)]。若不计系统内的动能和势能，方程（2.12）则可以表示为

$$\begin{cases} \delta m_{in} \cdot (R_g + C_v) \cdot T_{gun} - P_{bub} \cdot \delta V = \delta(m \cdot C_v \cdot T_{bub}), & 0 < t \leqslant \tau \\ \delta Q - \delta m_{out} \cdot (R_g + C_v) \cdot T_{bub} - P_{bub} \cdot \delta V = \delta(m \cdot C_v \cdot T_{bub}), & t > \tau \end{cases} \tag{2.13}$$

式中，τ 代表了放气结束的时间，通常为几毫秒。在气枪放气阶段引入了一个等效的热容比 $C_v^{eff} = 12R_g$，来代替实际热容比 $2.5R_g$。这样的等效方式主要是用于补偿放气阶段未考虑的热量损耗[32]，对方程（2.13）进行微分可得

$$\begin{cases} \dfrac{dT_{bub}}{dt} = \dfrac{\dfrac{dm}{dt} \cdot (R_g + C_v) \cdot T_{gun} - \dfrac{dm}{dt} \cdot C_v \cdot T_{bub} - P_{bub} \cdot \dfrac{dV}{dt}}{m \cdot C_v}, & 0 < t \leqslant \tau \\ \dfrac{dT_{bub}}{dt} = \dfrac{\dfrac{dQ}{dt} - \dfrac{dm}{dt} \cdot (R_g + 2 \cdot C_v) \cdot T_{bub} - P_{bub} \cdot \dfrac{dV}{dt}}{m \cdot C_v}, & t > \tau \end{cases} \tag{2.14}$$

式中，T_{gun} 和 T_{bub} 分别是气枪气室内气体的温度和气泡内气体的温度。本章未考虑气泡内气体的水溶性，即认为 $\delta m_{out} = 0$。气泡充气速度同样被分成两个阶段，气枪放气阶段和气泡自由脉动阶段。放气阶段本章采用了 Landrø 等[46]的线性假设，自由脉动阶段气泡内气体物质的量为常量，dm/dt 满足如下方程：

$$\begin{cases} \dfrac{dm}{dt} = \eta \dfrac{m_{gun}}{\tau_0}, & 0 < t \leqslant \tau \\ \dfrac{dm}{dt} = 0, & t > \tau \end{cases} \tag{2.15}$$

式中，m_{gun} 是初始时刻气枪气室内气体的总的物质的量；η 是放气效率。

由水蒸气的物质的量传导引起的热量损失为

$$Q' = \frac{dm_v}{dt} L \tag{2.16}$$

式中，L 是汽化潜热，取值为 2.45 J/kg。Laws 等[45]给出了热力学边界层厚度的基本假设：

$$d = 4 \cdot D \cdot Re^{-3/4} \cdot Pr^{-1/2} \tag{2.17}$$

式中，D 是球形气泡直径；Pr 是普朗特数；Re 是雷诺数。基于上述气泡球形假设，气泡自由脉动阶段气泡内的热量损耗可以表示为

$$\frac{dQ}{dt} = \frac{\kappa}{d} \cdot S \Delta T = \alpha \cdot S \Delta T \tag{2.18}$$

式中，κ 是气泡界面处的热量传导常数（水中取值为 0.6 W/mK，空气中为 0.024 W/mK）；S 为球形气泡的表面积 $S = 4\pi R^2$；气泡与周围流体的温度差 $\Delta T = T_{bub} - T_{water}$。这里我们将 κ / d 合并计算，称为热量传递系数 α。根据实验反馈结果，α 的取值范围通常在 2000～8000 W/(m²·K)，本章取值为 6000 J/(K·m²·s)。此外，由于真实的气枪气泡脉动过程中的湍流作用，将加速气泡的能量衰减过程，Laws 等[45]提出使用气泡真实面积的 10 倍，作为能量衰减计算过程中的气泡等效面积。

对于递进时间步的选择，相比于气泡周期必须足够的小，而且对于初始的气泡充气阶段，气泡半径相对较小，需要更细的时间步划分，因此，本章采用了如下的时间步来计算：

$$\begin{cases} \Delta t = \min\left(\dfrac{\Delta m}{\mathrm{d}m / \mathrm{d}t},\ 10^{-5}\right), & 0 < t \leqslant \tau \\ \Delta t = 10^{-5}, & t > \tau \end{cases} \tag{2.19}$$

式中，Δm 为每步迭代过程中，气泡内气体物质的量的增量。

2.2.3　初始条件及计算流程

在基于球形气泡脉动的基本理论求解前，还需要对如下初始参数进行设定，包括气枪容积 V_{gun}、气枪内压 P_{gun}、发射深度 H_{gun}、海水温度 T_{water}、测点距离 ced、虚反射系数 ghost 等。此外，还需设定一些影响气枪气泡脉动的关键参数，但这些参数不能直接测量得到，只能通过试验获得，如气泡初始半径 R_0、气泡初始内压 P_0、气枪放气时间 τ、放气效率 η、传热系数 α，这些参数主要与气枪枪体结构设计有关，如开口越大，气泡初始半径可能越大；气泡内压越大，放气时间可能越短。为确定这些与气枪性能相关的参数，本章采用反向迭代算法，通过设定预估值来完成远场压力子波计算，并与实验结果相对比，最后筛选出吻合度较高的参数设定值。下面我们将阐述一下球形气泡脉动方程的具体求解流程。

①设定气枪初始参数值，包括 V_{gun}、P_{gun}、H_{gun}、T_{water}、ced 和 ghost 等；②设定影响气枪性能的关键参数的预估值，包括气枪气泡初始半径 R_0、初始压力 P_0、放气时间 τ、放气效率 η、散热系数 α；③根据方程（2.19）对时间步进行更新，更新后的时间即为 $t+\Delta t$；④根据气泡半径 $R(t)$、焓差 $H(t)$、气泡运动速度 $U(t)$、声速 $C(t)$ 的值对微分方程（2.1）求解，由式（2.6）和式（2.7）即可求得新时间步的气泡半径 $R(t+\Delta t)$ 和气泡运动速度 $U(t+\Delta t)$；⑤根据式（2.14）更新气泡内温度，求取 $T_{bub}(t+\Delta t)$；⑥根据式（2.15）更新气泡内物质的量 $m(t+\Delta t)$，然后利用方程（2.4）和方程（2.5）更新气泡内压 $P(R, t+\Delta t)$，最终利用式（2.2）计算出 $H(t+\Delta t)$；⑦根据式（2.3），求出 $C(t+\Delta t)$；⑧根据已求得的 $R(t+\Delta t)$、$U(t+\Delta t)$、$H(t+\Delta t)$，利用式（2.8）～式（2.11）求远场测点速度 $\boldsymbol{u}(r, t+\Delta t)$ 和压力 $p(r, t+\Delta t)$；⑨返回步骤③，进入下一个时间步的计算。

本章针对 Sleeve 型气枪进行了初始参数校核，基于海量的理论计算结果和 Nucleus 软件的比对，本章最终采用了如式（2.20）所示的气枪初始参数假设。放气时间和放气效率被认为是与气枪容积相关的一个线性函数，而传热系数被设定为一个常数，初始气枪气泡被假设为一个与气枪容积相等的球形气团，气团的初始压力和初始气泡中心高度处的静水压力相等：

$$\begin{cases} \tau = 0.012 \cdot V_{\text{gun}} + 2.2814 \\ \eta = -0.0003 \cdot V_{\text{gun}} + 0.7962 \\ \alpha = 6000 \text{ J}/\left(\text{K} \cdot \text{m}^2 \cdot \text{s}\right) \\ R_0 = \left(3V_{\text{gun}}/4\pi\right)^{1/3} \\ P_0 = P_\infty \end{cases} \qquad (2.20)$$

2.2.4　气泡动力学模型验证

为验证本章建立的球形气枪气泡脉动模型精度，特别是远场压力子波的计算精度，本节将数值计算结果同美国 PGS 公司开发的 Nucleus 软件计算结果进行了比对，该软件是国际公认的，计算比较准确的软件之一[53]。软件设定参数如下：P_{gun} = 2000 psi，气枪容积 V_{gun} = 50 in³、150 in³、250 in³，气枪沉放深度 H_{gun} = 6 m，海水温度 T_{sea} = 20℃，虚反射系数 ghost = −1，枪型为 Sleeve 枪，测点距离 ced = 9000 m。

图 2.2 对比了不同容积下的单枪远场压力子波（50 in³、150 in³、250 in³），数值计算结果同 Nucleus 软件计算结果吻合较好，并且图中两曲线都基于 Sercel out −200/370 mp 滤波器进行了滤波处理。为了方便同 Nucleus 软件结果比较，纵坐标采用了流场压力 P 与测点距离 ced 的乘积（单位为 bar·m）。此外，我们对曲线的周期、主脉冲、气泡脉冲进行了提取，经误差对比分析，各参数误差均不超过 10%。计算结果同 Nucleus 软件的较好吻合，验证了本章所采用气枪气泡脉动模型，基于上文给定的初始参数假设，能够实现远场压力子波的高精度运算。

大量文献的计算结果显示，沉放深度亦对远场压力子波的周期、初泡比等具有较大影响。为进一步验证本章建立的单枪远场压力子波模型计算的正确性，在图 2.3 中对比了相同容积（V_{gun} = 100 in³）、不同深度（H_{gun} = 4 m、8 m 和 12 m）下的单枪远场压力子波，不同深度下的理论计算结果同 Nucleus 软件仍具有较高的吻合度，尤其是在主脉冲、气泡脉冲和周期等重要参数上，但气泡后续脉动部分的压力曲线同 Nucleus 软件存在着明显差异，这可能是由于软件中加入了人为的气泡衰减假设。综上，本模型计算结果同 Nucleus 软件计算结果大体吻合，关键参数误差均不超过 10%，计算精度良好。

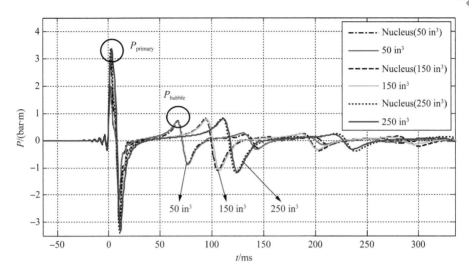

图 2.2　不同容积单枪的远场压力子波与 Nucleus 软件对比（V_{gun} = 50 in³、150 in³ 和 250 in³）

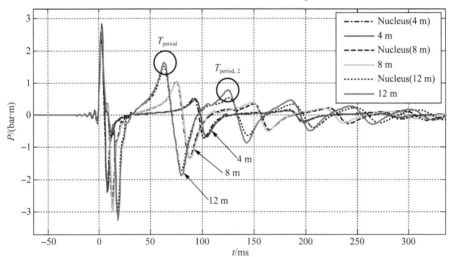

图 2.3　不同深度的 100 in³ 单枪的远场压力子波与软件 Nucleus 对比（H_{gun} = 4 m、8 m 和 12 m）

2.3　单枪气泡脉动特性

2.3.1　初始条件影响及校核方法

为进一步研究初始条件对远场压力子波的影响，本节以图 2.2 中内压 2000 psi、容积 150 in³、深度 6 m、水温 20 ℃、测点距离 9000 m 工况为例，采用控制变量法对决定远场压力子波形态的五大关键参数进行讨论，分别为初始气泡半径 R_0、

初始气泡内压 P_0、放气效率 η、放气时间 τ 和传热系数 α，计算过程中不考虑远场压力波在自由面反射形成的反射波，即认为反射系数等于 0。如图 2.4 所示，气泡初始半径 R_0 设定值主要对主脉冲和气泡脉冲有影响，对周期影响不大，而且随 R_0 增大主脉冲和气泡脉冲的变化并不单调；图 2.5 展示了气泡初始内压 P_0 对远场压力子波的影响，随着初始压力 P_0 增大，主脉冲和气泡脉冲呈现略微减小趋势，周期基本维持不变；图 2.6 描述了放气效率 η 对压力的影响，随着 η 增大，气泡脉冲、主脉冲、周期都明显增大；图 2.7 为放气时间 τ 对远场压力子波的影响，τ 对周期的影响并不明显，但随着 τ 增大，主脉冲和气泡脉冲明显减小；图 2.8 描述了散热系数 α 的影响，α 对主脉冲和周期影响较小，但对气泡脉冲有较大影响。

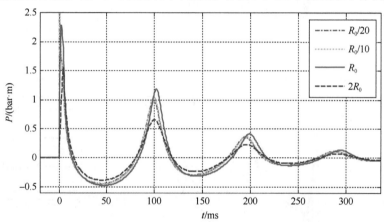

图 2.4　初始气泡半径对远场压力子波的影响（$R_0/10$、$R_0/20$、$2R_0$ 和 R_0）

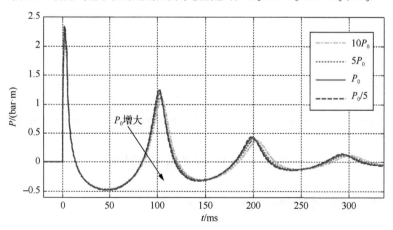

图 2.5　初始气泡内压对远场压力子波的影响（$5P_0$、$10P_0$、$P_0/5$ 和 P_0）

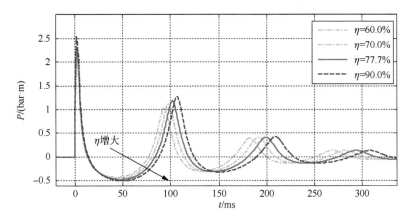

图 2.6　放气效率 η 对远场压力子波的影响（60.0%、70.0%、90.0%和 77.7%）

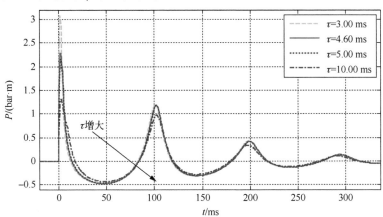

图 2.7　放气时间 τ 对远场压力子波的影响（3.00 ms、5.00 ms、10.00 ms 和 4.60 ms）

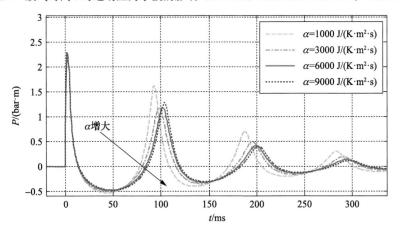

图 2.8　传热系数 α 对远场压力子波的影响[1000 J/（K·m²·s）、3000 J/（K·m²·s）、

6000 J/（K·m²·s）和 9000 J/（K·m²·s）]

根据图 2.4~图 2.8，表 2.1 汇总了各初始条件对远场压力子波主要性能参数的影响程度，包括周期、主脉冲以及气泡脉冲。其中，"+"表示随初始条件的增加（↑），远场压力子波相应性能参数变大，"-"与之相反；符号的数目代表影响程度，0 表示几乎无影响。根据表 2.1 可知，各项初始条件中似乎只有放气时间 τ 和放气效率 η 对气枪主脉冲具有较大影响，而对周期有显著影响的只有放气效率 η。若我们拥有足够的单枪远场压力子波实验数据，首先，我们可以通过周期来反向确定初始条件 η；然后，再根据主脉冲的大小来确定初始条件 τ；最后，通过对剩余的初始条件的微调，使得远场压力子波与实验结果进一步吻合。

表 2.1　初始条件对远场压力子波影响分析

特征参数	周期	主脉冲	气泡脉冲
R_0（↑）	0	-	0
P_0（↑）	0	-	-
η（↑）	+++	+++	+++
τ（↑）	0	---	---
α（↑）	+	0	---

2.3.2　单枪性能影响因素分析

1. 气枪容积

本节固定气枪内压 $P_{gun}=2000$ psi、气枪沉放深度 $H_{gun}=6$ m、海水温度 20℃、测点距离 ced $=9000$ m，虚反射系数等于-1，通过 Nucleus 软件对不同容积的气枪进行计算。图 2.9 描述了气枪容积从 50 in³ 增加 350 in³ 所对应的远场压力子波曲线变化，图中曲线都基于 Sercel out -200/370 mp 滤波器进行了滤波处理。由图可知：①气枪容积主要影响主脉冲峰值、气泡脉冲峰值、气泡的周期；②初始气泡压力的拐点均出现在 5~6 ms 的地方，该拐点的出现可能是由于气枪向气泡充气结束造成的，也可能是压力在自由面处反射与压力波的叠加形成的；③主脉冲和虚反射的时间间隔均为 8 ms 左右，与虚反射延迟时间的理论值 $2H_{gun}/C$ 保持一致。远场压力子波主要特征参数对比详见表 2.2。

表 2.2　不同气枪容积下远场压力子波主要特征参数对比

气枪容积/in³	峰峰值/(bar·m)	主脉冲/(bar·m)	周期/ms	初泡比
50	3.98	1.89	65.1	2.5
100	5.37	2.61	80.6	2.9
150	6.03	2.97	91.5	3.1
200	6.53	3.25	100.9	3.2
250	6.78	3.39	108.0	3.4
300	6.86	3.45	114.0	3.5

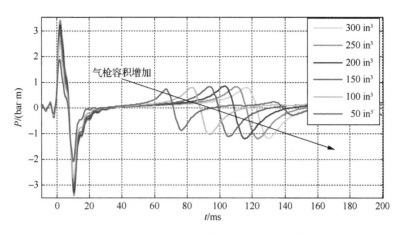

图 2.9 不同容积的 Sleeve 枪的远场压力子波（Nucleus）

2. 气枪内压

固定气枪容积为 100 in³，其余初始条件保持同图 2.9 一致，并将气枪初始内压 P_{gun} 作为控制变量。图 2.10 描述了不同初始气枪内压下的远场压力子波，随着气枪初始内压的增加，主脉冲、气泡脉冲和气泡周期都呈逐渐增加趋势。压力曲线主要特征参数对比如表 2.3 所示。从初泡比的对比情况来看，气枪内压越大，探测压力波的信噪比越高。

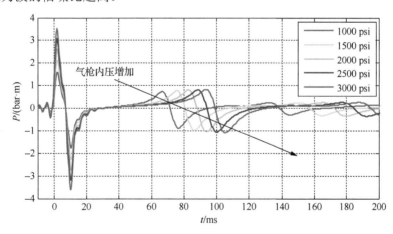

图 2.10 不同初始内压下 Sleeve 枪的远场压力子波（Nucleus）

表 2.3 不同初始内压下远场压力子波主要特征参数对比

气枪内压/psi	峰峰值/（bar·m）	主脉冲/（bar·m）	周期/ms	初泡比
1000	3.33	1.56	67.0	2.12
1500	4.39	2.10	76.0	2.70

续表

气枪内压/psi	峰峰值/(bar·m)	主脉冲/(bar·m)	周期/ms	初泡比
2000	5.37	2.61	80.6	2.90
2500	6.24	3.06	88.5	3.80
3000	7.12	3.51	94.0	4.34

3. 气枪沉放深度

将内压 P_{gun} = 2000 psi、体积 V_{gun} = 100 in³ 的 Sleeve 气枪置于不同水深处，压力曲线如图 2.11 所示。当水深从 4 m 逐渐增加到 12 m 时，压力子波变化具有以下几点特征：①气枪水深对主脉冲的峰值影响并不明显，随水深增加仅略微减小；②水深越大，气泡脉冲、虚反射峰值的绝对值越大，水深增加导致反射波到达测点的时间更长，从而使得反射波和压力波叠加延迟；③不同深度下，直接压力波和反射压力波叠加时间大致满足 $2H_{gun}/c$，其中 c 为声速；④气泡周期随水深增加明显减小。压力子波主要特征参数对比详见表 2.4，其中 c 的取值为 1500 m/s。

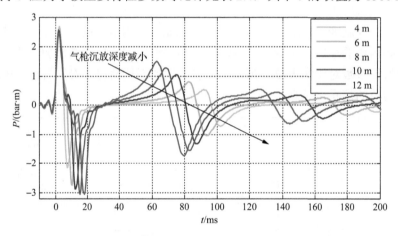

图 2.11　不同水深的 Sleeve 枪远场压力子波对比（Nucleus）

表 2.4　不同水深下远场压力子波主要特征参数对比

水深/m	峰峰值/(bar·m)	主脉冲/(bar·m)	负峰值/(bar·m)	周期/ms	初泡比	$2H_{gun}/c$
4	4.86	2.71	-2.15	89.5	3.9	5.26
6	5.37	2.61	-2.76	80.6	2.9	7.89
8	5.45	2.55	-2.90	72.6	2.3	10.52
10	5.64	2.58	-3.06	66.4	2.0	12.14
12	5.57	2.50	-3.07	60.8	1.7	15.77

4．海水温度

海水温度对远场压力子波的影响如图 2.12 所示。当海水温度从 4 ℃增加到 30 ℃，气泡脉动周期仅略微增大，气泡脉冲微微减小，而主脉冲基本不受影响。压力子波特征参数对比详见表 2.5。

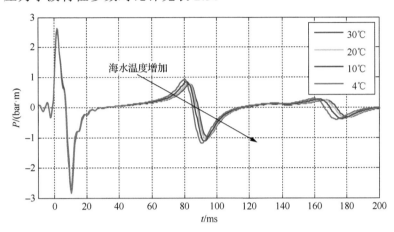

图 2.12　不同海水温度下 Sleeve 枪远场压力子波对比（Nucleus）

表 2.5　海水温度对远场压力子波特征参数的影响

海水温度/℃	振幅/（bar·m）	峰峰值/（bar·m）	初泡比	周期/ms
4	2.65	5.48	2.6	77.9
10	2.63	5.44	2.8	79.5
20	2.61	5.37	2.9	80.6
30	2.58	5.32	3.0	81.4

5．测点距离

保持气枪内压 P_{gun} = 2000 psi、气枪容积 V_{gun} = 100 in^3、气枪沉放深度 H_{gun} = 6 m、海水温度20℃不变，测点距离从 1000 m 增加到 9000 m，对应的远场压力子波曲线如图 2.13 所示，横坐标为时间，纵坐标为测点处远场压力测量值与测点距离的乘积（单位为 bar·m）。各点处的远场压力子波曲线基本完全重合，这是由于远场压力计算过程中，远场测点处的流场速度可以忽略不计，如式（2.9）所示，测点的压力与距离成反比，即乘积为定值。

6．虚反射系数

图 2.14 描述了在不同虚反射系数下远场压力子波的曲线。当压力波传播到海水自由面处会发生反射，形成反射波，反射波与直接压力波相比多走了路程 $2H_{gun}$，

H_{gun} 为气枪到自由面的距离，反射波的大小约为直接压力波与虚反射系数的乘积，如图 2.14 所示。随着虚反射系数的增大，压力曲线负峰值的幅值明显增大，气泡脉冲和气泡周期略微减小，详情如表 2.6 所示。

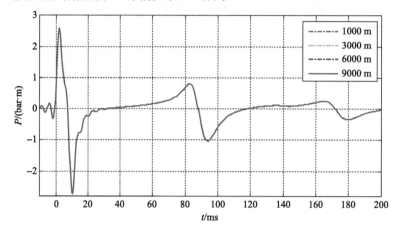

图 2.13 不同距离远场测点上 Sleeve 枪压力子波（Nucleus）

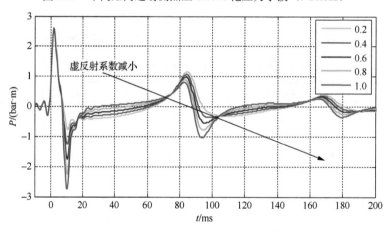

图 2.14 不同虚反射系数下 Sleeve 枪远场压力子波（Nucleus）

表 2.6 虚反射系数对远场压力子波特征参数的影响

虚反射系数	主脉冲/（bar·m）	负峰值/（bar·m）	气泡脉冲/（bar·m）	周期/ms	初泡比
0.20	2.57	−0.77	1.16	84.5	2.20
0.40	2.57	−1.27	1.07	84.0	2.41
0.60	2.58	−1.76	0.97	83.5	2.65
0.80	2.59	−2.25	0.89	83.0	2.93
1.00	2.60	−2.75	0.80	82.5	3.25

2.3.3　GI 枪球形气泡脉动模型

1.　GI 枪模型

图 2.15 为本章 GI 枪模型数值计算结果同 Landrø[80]实测结果的对比。G 枪容积分别为 45 in^3 和 75 in^3，I 枪容积同 G 枪容积一致，G 枪和 I 枪的内压均为 2000 psi（≈138 bar）。图中计算压力子波采用了 Sercel out −200/370 mp 滤波器进行处理，从远场压力子波形态上来看，计算结果同 Landrø 实测值误差不大，远场压力子波关键参数的对比如下：主脉冲误差分别为 3.1% 和 5.6%，周期误差分别为 0.7% 和 1.0%。本节对于 GI 枪模型的计算，采用的依然是 2.2 节常规气枪基本理论，只是 I 枪喷射时间相比于 G 枪存在一定的时间延迟。假设 I 枪发射时间的延迟为 t_0，那么气泡内气体的物质的量变化满足：

$$\frac{\mathrm{d}m}{\mathrm{d}t} = \begin{cases} \dfrac{\eta_1 \cdot m_{\text{gun1}}}{\tau_1}, & 0 < t < \tau_1 \\[2mm] \dfrac{\eta_2 \cdot m_{\text{gun2}}}{\tau_2}, & t_0 < t < t_0 + \tau_2 \end{cases} \tag{2.21}$$

式中，η_1 和 η_2 分别为 G 枪和 I 枪的气体利用效率；τ_1 和 τ_2 分别为 G 枪和 I 枪的放气时长；m_{gun1} 和 m_{gun2} 分别为初始 G 枪和 I 枪内气体的物质的量，这里 G 枪和 I 枪的放气效率和放气时长均采用和 2.3.2 节一样的计算方法，认为它们只是一个与气枪容积相关的常数。

GI 枪的基本工作原理如 1.2 节所述，它的最大特点就是可以控制自身的气泡脉动，通过向气枪气泡内部注入额外气体来减缓气泡收缩，达到减小气泡脉冲、提高探测压力波分辨率的目的。图 2.16 为 I 枪气体注射对气泡半径 R、直接压力波 P、物质的量 m 和频谱振幅强度 A 的影响，G 枪和 I 枪容积均为 100 in^3，I 枪延迟发射时间为 40 ms，G 枪和 I 枪的气体注射周期不超过 10 ms。从物质的量随时间变化曲线看出，G 枪气体喷射从 0 ms 开始，而 I 枪气体发射是当 G 枪气泡体积接近最大（40 ms），I 枪气体注入使得压力子波产生如图 2.16 所示的阶跃现象，对后续气泡脉动起到了明显的抑制效果，对频谱低频段也产生明显的优化效果。

2.　影响因素分析

图 2.17 描述了不同 G 枪容积下的 I 枪容积和 I 枪激发时间对初泡比（主脉冲和气泡脉冲的比值）的影响。对应的 G 枪容积分别为固定值 45 in^3 和 75 in^3，图中颜色越深的区域对应的初泡比越大。如图 2.17 所示，当 I 枪容积值 V(I) 逐渐增加时，为获得大初泡比，所需的发射时间逐渐减小；初泡比的最大值发生

在 I 枪容积与 G 枪容积相近时，对应的 I 枪发射时间在 G 枪气泡体积尚未达到最大值之前。

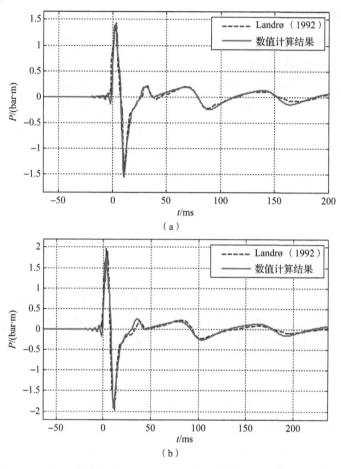

图 2.15　不同 G 枪容积下数值结果同 Landrø[80]实测远场压力子波对比

图 2.18 为不同 G 枪容积下的 I 枪激发时间和喷射周期对远场压力子波初泡比的影响。图中 I 枪容积与 G 枪容积一致，从图中白色区域来看，I 枪气体喷射周期在 20 ms 左右时，初泡比存在最大值，对应的 I 枪发射时间依然是在 G 枪气泡体积尚未达到最大值之前。

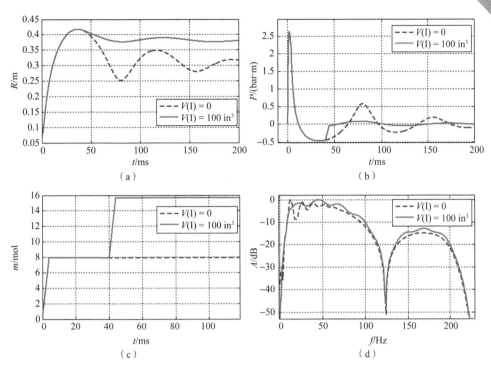

图 2.16　I 枪气体喷射对气泡半径 R、直接压力波 P、物质的量 m 和
频谱振幅强度 A 的影响

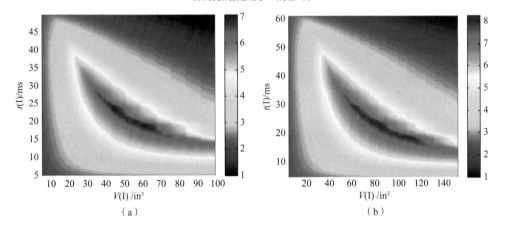

图 2.17　I 枪容积 $V(\mathrm{I})$ 和 I 枪激发时间 $t(\mathrm{I})$ 对初泡比的影响

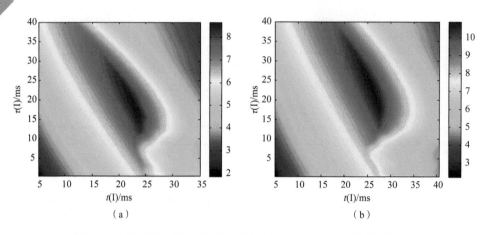

图 2.18 Ⅰ枪激发时间 t（Ⅰ）和Ⅰ枪放气时长 τ（Ⅰ）对初泡比的影响

2.4 气枪阵列气泡远场压力子波模拟

2.4.1 气泡群相互作用

对于气枪阵列而言，脉动过程中每个气枪气泡都会受到其他气泡的影响。当气枪彼此间距离较近时，气泡间（气泡群）的相互作用不可忽略，也就是说，远场压力子波并不能简单地等效为各单枪远场压力子波的叠加。基于 Ziolkowski 假设[54]，阵列中的气泡看作是一个个点源，忽略气泡尺寸效应的影响，认为当传播距离大于 1 m 时，压力幅值与传播距离成反比，而且压力的传播速度近似为声速，即若 1 m 处的压力为 $p(t)$，则距离气泡中心 r 处的压力即为 $(1/r) \cdot p(t-(r-1)/c)$，p 中的最后一项 $(r-1)/c$ 是由于传播距离引起的时间延迟。

若自由面下有如图 2.19 所示的这样 n 个气枪气泡，任意两个气泡间距都大于 1 m。基于上述假设，阵列中每一个气枪气泡都被当作点源处理，那么气泡间的相互影响即可通过环境压力的变化进行表征，环境压力的变化直接导致了气泡内外压差的变化，从而影响了各气泡脉动情况。每一个气泡内压可以根据气体状态方程计算得到，而气泡 i 的环境压力则受到其他气泡的共同影响。若已知各气泡 1 m 处由单枪气泡脉动引起的压力变化 $p_k(1,t)$，$k=1,2,\cdots,n$，那么各枪引起的气泡 i 处的环境压力变化即满足 $p_k(r_{i,k},t-(r_{i,k}-1)/c)$，其中 $r_{i,k}$ 为气泡 i 和气泡 k 的距离。而此外气泡 i 处的流场压力还将受到自由面处形成的反射压力波的影响，反射压力波大小为 $p_k(rg_{i,k},\ t-(rg_{i,k}-1)/c)$，其中 $rg_{i,k}$ 为气泡 i 和气泡 k 在自由面处镜像的距离，所以 t 时刻气泡 i 处的流场 $p_i(R_i,\ t)$ 压力即可表示为式（2.22），其中 R_i 为气泡 t 时刻的气泡半径。

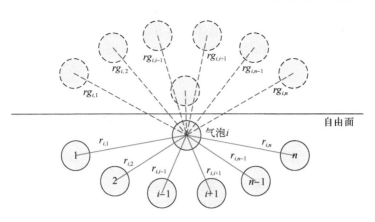

图 2.19　气枪气泡相互作用原理示意图

$$p_i\left(R_i,t\right)=p_\infty+\sum_{\substack{k=1\\k\neq i}}^{n}p_k\left(r_{i,k},t\right)-\sum_{k=1}^{n}p_k\left(rg_{i,k},t\right),\ i=1,2,\cdots,n \tag{2.22}$$

式中，

$$p_k\left(r_{i,k},t\right)=p_k\left(r_{i,k},t-\frac{r_{i,k}-1}{c}\right)=\frac{1}{r_{i,k}}\cdot p_k\left(1,t-\frac{r_{i,k}-1}{c}\right) \tag{2.23}$$

$$p_k\left(rg_{i,k},t\right)=p_k\left(rg_{i,k},t-\frac{rg_{i,k}-1}{c}\right)=\frac{1}{rg_{i,k}}\cdot p\left(1,t-\frac{rg_{i,k}-1}{c}\right) \tag{2.24}$$

其中，距离气泡 1 m 处的压力 $p_k(1,t)$ 的计算，可由单枪压力式（2.8）～式（2.11）计算得到。但这里所说的压力实际上指的是由气泡脉动引起的动压力，不包含静水压水 p_∞，所以 $p_k(1,t)$ 可通过下式进行求解：

$$p_k\left(r_k,t\right)=\rho_\infty\left(\frac{1}{r}f_k'\left(t-\frac{r_k}{c_\infty}\right)-\frac{u^2\left(r_k,t\right)}{2}\right),\quad r_k=1 \tag{2.25}$$

由式（2.22）可知，每个气泡流场压力的计算可以分成三部分：第一部分是静水压力；第二部分是其他气泡产生的压力波在气泡 i 处的线性叠加（直接压力波）；第三部分是自由面处的反射压力波在气泡 i 处的线性叠加（反射压力波）。方程（2.22）中默认压力在自由面处虚反射系数为-1，即认为反射波与直接压力波大小相等、方向相反，此外，计算过程中要注意各气泡压力波传播的延迟性。

综合式（2.22）～式（2.25），则可求出气泡 i 内外焓差 $H_i(t)$ 为

$$H_i\left(t\right)=\frac{p_{\text{in}}-p_{\text{amb}}}{\rho_\infty}=\frac{P_i\left(t\right)}{\rho_\infty}-\frac{1}{\rho_\infty}\left(p_\infty+\sum_{\substack{k=1\\k\neq i}}^{n}p_k\left(r_{i,k},t\right)-\sum_{k=1}^{n}p_k\left(rg_{i,k},t\right)\right),\ i=1,2,\cdots,n$$

$$\tag{2.26}$$

式中，$P_i(t)$ 为气泡 i 的内压，根据气体状态方程（2.4）或方程（2.5）计算得到。若不考虑声速 c 随时间的变化和气泡脉动的人为衰减项，则气泡 i 满足如下运动方程：

$$R_i(t)\ddot{R}_i(t)\left(1-\frac{2\dot{R}_i(t)}{c}\right)+\frac{3\dot{R}_i^2(t)}{2}\left(1-\frac{4\dot{R}_i(t)}{3c}\right)=H_i(t)+\frac{R_i(t)\dot{H}_i(t)}{c}\left(1-\frac{\dot{R}_i(t)}{c}\right)$$

（2.27）

然后即可根据迭代法对方程求解，类似式（2.6）~式（2.11），分别得到气泡 i 壁面的运动速度、半径以及远场压力等。

远场测点的压力可以表示成阵列中所有气泡产生的远场压力子波及其自由面处反射波的线性叠加，各气枪产生的压力波到达远场测点的时间可能不同，在叠加的时候要特别注意时间延迟，尤其是空间阵列，远场压力公式的具体形式如下：

$$P_{\text{field}}(t)=\sum_{i=1}^{n}p_i(r_i,t)-\sum_{i=1}^{n}p_i(rg_i,t)$$

（2.28）

式中，r_i 是气泡 i 中心到远场测点的距离；rg_i 是气泡 i 在自由面处的镜像气泡中心到远场测点的距离。

2.4.2 气枪阵列模型验证

计算初始要给定一个空间坐标等参数已知气枪阵列，包含组合气枪阵列计算所需的全部信息，如图 2.20 所示。该初始气枪阵列包含三个均匀分布的子阵列，除第二行的子阵列外，每个子阵由在一条线上的五个等间距单枪构成，各枪的水平间隔均为 3 m，第二个子阵包含了一对相干枪（距离较近），在图中用绿色标示。阵列中所有单枪沉放深度均为 6 m，总容积为 2200 in^3，各气枪发射延迟时间为 0，即阵列中各气枪同时激发。导入初始阵列后，还需设置计算所需的其他初始条件，如图 2.20 中右侧所示的状态参数，计算时长设置为 300 ms，测点位于气泡正下方 9000 m，虚反射系数为-1，海水温度为 20 ℃，海水盐度值与温度设定是绑定的，气枪型号为 Sleeve 枪，滤波器型号为 Sercel out -200/370 mp，相干系数为 1。

软件中组合气枪阵列的远场压力子波计算，主要采用的是 2.4.1 节中的内容，气泡间的相互影响通过对流场压力修正来实现，如式（2.29）所示。引起气泡周围流场压力变化的除了其他气泡自身外，还有各气泡在自由面处的镜像，而且计算过程中还要考虑传播距离造成的时间延迟。为控制气泡间相干性的大小，本章将压力修正项乘以了一个相干系数 σ（0~1），主要用于调节阵列中气枪气泡间相干的程度，对于气枪间距过小的阵列，气枪气泡的尺寸效应并不可忽略，采用点源假设直接进行计算时，可能会导致计算发散，所以对于这些特殊阵列计算，往往需要降低相干系数减弱气枪间的相干性，从而保证计算的稳定性。

$$p_i\left(R_i,t\right) = p_\infty + \sigma \cdot \left(\sum_{\substack{k=1\\k\neq i}}^{n} p_k\left(r_{i,k},t\right) - \sum_{k=1}^{n} p_k\left(rg_{i,k},t\right) \right), \quad i = 1,2,\cdots,n \qquad （2.29）$$

图 2.20　初始气枪阵列信息

当所有参数设定完毕后，即可计算给定枪阵的远场压力子波及相应的频谱曲线。图 2.21 为本章数值计算结果（压力曲线和频谱曲线）同 Nucleus 软件计算结果的对比。压力曲线的整体变化趋势基本一致，在主脉冲阶段与 Nucleus 软件计算结果具有较高的吻合度，但后续气泡脉动阶段仍存在一定差别，这可能是由于理论计算与 Nucleus 软件采用了不同的气泡衰减处理方法造成的。从频域的角度分析，低频范围内曲线吻合良好，陷波点的位置也基本一致，但有效带宽数值结果比 Nucleus 软件模拟结果小一些，这主要还是由于后续气泡脉动衰减造成的。

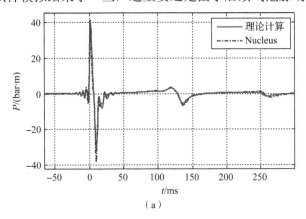

（a）

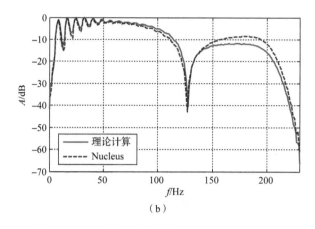

（b）

图 2.21　压力曲线和频谱曲线与 Nucleus 软件对比

2.5　本 章 小 结

为实现工程中气枪阵列远场压力子波的快速预测，本章结合球形气泡脉动基本理论与气枪发射机理。在前人研究的基础上，建立了改进的球形气泡模型，考虑了气枪与气泡间的传质传热效应，计入了气泡与周围水的热量交换，并从单枪气泡模型出发，计及多气泡间耦合效应，建立了组合气枪阵列气泡脉动模型，并通过对比分析验证了计算模型的正确性。在此基础上，通过设定合理的初始条件，系统地分析了各因素对单枪性能的影响，以及 GI 枪中 I 枪容积和发射时间对远场压力子波初泡比的影响。

（1）通过放气时长、放气效率、热量耗散等因素对远场压力子波的影响分析，本章发现气泡周期与放气效率关系密切，而与放气时长关系不大；压力子波峰峰值主要与放气时长和放气效率等参数有关。

（2）气枪容积对主脉冲峰值、气泡脉冲峰值以及气泡的周期都有显著影响；随着气枪初始内压的增加，主脉冲、气泡脉冲和气泡周期都呈逐渐增加趋势；随着气枪沉放深度增加，主脉冲仅略微减小，而气泡脉冲和虚反射明显增大；海水温度对压力子波影响不大；虚反射系数主要影响鬼波的幅值。

（3）基于对 GI 枪模型的计算结果分析，发现当 I 枪容积值 $V(\text{I})$ 逐渐增加时，初泡比的最大值发生在 I 枪容积与 G 枪容积相近时，对应的 I 枪发射时间在 G 枪气泡体积尚未达到最大值之前。

第3章 高压气枪阵列优化设计方法

工程中阵列震源设计往往凭借经验进行反复试错，这种凭借经验的人为调整不仅效率低，而且难以达到预期效果。为此，本章将气泡动力学理论与粒子群优化算法相结合，建立了一套新的算法用以解决阵列设计问题，给出合适的目标函数后，通过对气枪发射时间、空间分布等阵列布置参数进行调整，来实现阵列远场压力子波优化问题，避免了传统依据经验反复试错的大量重复劳动。本章建立的优化算法包括正演算法和反演算法，在此基础上，对多种典型气枪阵列进行了优化设计，包括平面阵列、交错阵列和空间阵列等，并通过组合气枪阵列优化前和优化后的远场压力子波及频谱对比，验证了本章的优化方法的有效性。另外，为便于工程应用，开发了功能相对较为齐全的高压气枪阵列专用软件（HPAAS），作为模块已融入自主开发的 FSLAB 软件中，打破了以美国为代表的发达国家在该领域的技术封锁。

3.1 气枪阵列优化方法及软件开发

3.1.1 软件开发及其功能

气枪激发在产生探测所需要的主脉冲的同时，往往会生成多个同样尖锐的气泡脉冲，而实际上每一个气泡脉冲都相当于一个震源信号，会对主脉冲信号产生不同程度的干扰，这些气泡脉冲的低频成分大幅影响了地震勘探的分辨率。为抑制气枪气泡效应提出很多办法，如 1.3.2 节所述，目前国际上采用最多、也是最有效的办法就是组合气枪震源，但如何获得低频、宽带、能量高、穿透性强的优质组合震源一直是个难点。现有的广泛使用的阵列，多是通过试错法实验反复测试得到的，为避免这样大量的重复劳动，本节基于粒子群算法建立了一套完整的气枪阵列优化算法，该算法得到了工业部门的高度评价。通过对阵列震源的气枪空间分布、容积布置、发射延迟等参数进行调整，可获得满足要求的高品质气枪阵列。

本节开发了具有气枪阵列远场压力子波模拟及优化功能的自主知识产权软件。软件主要具备以下功能：①气枪正演算法，即基于已知的单枪模型或气枪阵列排布信息，来计算远场压力子波，然后基于已获得的远场压力子波计算其频谱；②气枪反演优化算法，即基于给定的初始气枪阵列，然后选择特定的优化目标函数，包括峰峰值、初泡比、频谱光滑程度以及虚反射最小值等，基于粒子群算法对气枪阵列进行优化计算，通过对气枪阵列的体积、水平位置、沉放深度等的改变，来获得满足工程使用要求的气枪阵列；③一些辅助功能，包括绘图、计算状态监控和数据输入输出，如压力曲线、频谱曲线和阵列平面分布等。

软件的基本框架如下：①对数据读取和数据输出的路径进行设置；②导入或建立新的气枪模型，为方便模型的建立及观察，在该模块下可以绘制气枪的水平分布示意图；③参数设置，虽然每一个枪型都具有与其配套的参数，但为便于单枪的优化设计，本软件设置了气枪参数调整模块，此外，计算中还要对气枪的工作环境进行配置，具体如海水温度、测点距离等；④优化目标配置，从给定的多个目标函数中选择一种，选取相应的迭代次数、粒子个数以及待优化的气枪参数（体积、空间位置等）；⑤施工约束中，受限于工程中实际施工限制，某些变量在优化过程中并不能无约束任意的选取；⑥在计算方法中，建立了正演算法和反演算法；⑦后处理，用于输出计算结果，包括最优粒子的空间位置、压力曲线、频谱等。

自主开发的软件（HPAAS）主界面如图 3.1 所示，主菜单上有文件、编辑、设置、画图、导出、关枪和帮助菜单按钮。下一行是快捷按钮，从左向右的第一个按钮是创建阵列按钮，第二个按钮是打开文件按钮，第三个按钮是编辑气枪阵列按钮，第四个按钮是正演参数设置按钮，第五个按钮是正向计算按钮，第六个按钮是画图按钮，第七个按钮是优化参数设置按钮，第八个按钮是反向计算按钮，第九个按钮是优化对比图按钮，第十个按钮是与 Nucleus 软件对比按钮，最后一个按钮是帮助按钮，这些快捷按钮都可以在主菜单中找到，它们的作用是便于使用者们快速使用。程序界面的左侧有状态参数的相关信息，如计算时间、测点距离和海水温度等，还有优化参数的相关信息，如目标函数、控制变量和粒子数目等。当对软件十分熟悉后，可以在这里直接对气枪参数进行设置。

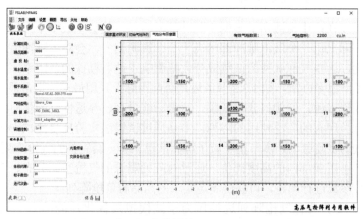

图 3.1　自主开发的软件（HPAAS）主界面

3.1.2　粒子群算法

粒子群算法最早是 Kennedy 等[86]在国际会议上提出的，主要用于求解具有大量候选解的问题，并从大量求解空间中快速寻找出最优解，和我们在阵列设计中所遇到的问题不谋而合，多样化的气枪排布方式构成了粒子群的搜索空间，即搜索空间中的每一个粒子代表了一种气枪排布方式，每个粒子包括了气枪数目、容积分布、深度布置、气枪位置以及延迟时间等气枪阵列的全部信息，这样的几个粒子构成了一个粒子群，并且其中每一个粒子具有不同的搜索速度，在搜索空间中沿着不同方向快速运动，搜寻与目标函数最接近的优秀粒子，即包含运算所需要的全部阵列信息。

将粒子群算法应用到阵列设计和远场压力子波优化中，最早是由叶亚龙等[69]提出的，羊慧[24]在其硕士论文里也对该方法进行了进一步优化，但他们的算法仍然存在很多问题，阻碍了该方法在阵列优化设计中的进一步推广。本章在他们的基础上做了很多改进工作，在控制变量上，一方面丰富了控制变量的种类和数目，加入了气枪发射时间、空间分布位置等可调控的阵列布置参数；另一方面，对控制变量的调节和优化不再是开放式的，加入了很多限制条件（约束），并把这些限制条件按作用等级添加到了计算中，使得最终阵列优化结果能被实际施工所接受。

计算开始前需建立一个初始粒子群 X 作为搜索起点，假设粒子群由 N 个粒子构成，每个粒子是一个 D 维向量，如方程（3.1）所示。每个粒子具有一个初始位置 x_i 和搜索速度 $v_i(0 < i < N)$，如前所述，每个粒子包含气枪的全部信息，如果 D 代表了粒子中的气枪数目，那么每一个粒子分量 x_{id} 将包含八项内容，依次为气枪类型、气枪位置横坐标、气枪位置纵坐标、沉放深度、容积、内压、延迟时间和相干枪编号。

$$
\begin{aligned}
X = \begin{bmatrix} x_1 \\ \vdots \\ x_i \\ \vdots \\ x_N \end{bmatrix} = \begin{bmatrix} x_{11} & x_{12} & \cdots & x_{1d} & \cdots & x_{1D} \\ \vdots & \vdots & & \vdots & & \vdots \\ x_{i1} & x_{i2} & \cdots & x_{id} & \cdots & x_{iD} \\ \vdots & \vdots & & \vdots & & \vdots \\ x_{N1} & x_{N2} & \cdots & x_{Nd} & \cdots & x_{ND} \end{bmatrix}, \ i = 1, 2, \cdots, N \\[2em]
V_X = \begin{bmatrix} v_1 \\ \vdots \\ v_i \\ \vdots \\ v_N \end{bmatrix} = \begin{bmatrix} v_{11} & v_{12} & \cdots & v_{1d} & \cdots & v_{1D} \\ \vdots & \vdots & & \vdots & & \vdots \\ v_{i1} & v_{i2} & \cdots & v_{id} & \cdots & v_{iD} \\ \vdots & \vdots & & \vdots & & \vdots \\ v_{N1} & v_{N2} & \cdots & v_{Nd} & \cdots & v_{ND} \end{bmatrix}, \ i = 1, 2, \cdots, N
\end{aligned}
\tag{3.1}
$$

计算中每个粒子的搜索速度都会受到目前每个粒子各自搜索到的最佳粒子

P_{best}（也称局部最优粒子）影响，同时朝向全局最优粒子 G_{best}（局部最优粒子中的最佳粒子）运动。局部最优粒子和初始粒子群的维度一样，包含 N 个分量（p_1，p_2，$\cdots$，p_N），而全局最优粒子与粒子的维度是一样的，仅包含分量 p_g，具体表述如下式：

$$G_{\text{best}} = p_g = \left[p_{g1}, p_{g2}, \cdots, p_{gd}, \cdots, p_{gD} \right], \quad i = 1, 2, \cdots, N$$

$$P_{\text{best}} = \begin{bmatrix} p_1 \\ \vdots \\ p_i \\ \vdots \\ p_N \end{bmatrix} = \begin{bmatrix} p_{11} & p_{12} & \cdots & p_{1d} & \cdots & p_{1D} \\ \vdots & \vdots & & \vdots & & \vdots \\ p_{i1} & p_{i2} & \cdots & p_{id} & \cdots & p_{iD} \\ \vdots & \vdots & & \vdots & & \vdots \\ p_{N1} & p_{N2} & \cdots & p_{Nd} & \cdots & p_{ND} \end{bmatrix}, \quad i = 1, 2, \cdots, N \qquad (3.2)$$

每个粒子在搜索空间中的向前搜索速度，基于局部最优和全局最优粒子可以表示为

$$v_{id}(t+1) = \omega \cdot v_{id}(t) + c_1 r_1 \left(p_{id}(t) - x_{id}(t) \right) + c_2 r_2 \left(p_{gd}(t) - x_{id}(t) \right) \qquad (3.3)$$

式中，ω 是惯性权重，用于平衡全局搜索和局部搜索；c_1 和 c_2 是用于表征粒子群算法搜索效率的加速度常数；r_1 和 r_2 是[0,1]之间的随机数。方程（3.3）中的第一项常被称作惯性项，它表征了粒子初始搜索速度的影响；第二项被称作"认知项"，它表征了每一个粒子趋于自己搜索历史中的最优粒子的趋势；最后一项被称作"社会项"，它反映了各粒子间的相互合作，以及各粒子朝向全局最优粒子的运动趋势。当粒子速度确定后，即可求出粒子在每一时间步的位置：

$$x_{id}(t+1) = x_{id}(t) + v_{id}(t+1) \qquad (3.4)$$

3.1.3 优化目标函数

在运用粒子群算法计算前，首先要明确什么样的远场压力子波是符合工程要求的。不同频段的声波具有不同的特性，如频率较高的超声波常用作水下目标探测，海水对高频声波如超声波等来说几乎是"透明的"，这对于原本深潜海底电磁波探测不到的潜艇来说，几乎就是灭顶之灾。该技术最早使用是在 1906 年，英国海军刘易斯·尼克森发现了声波的这一特性，并发明了第一部声呐仪，而本书我们所要研究的气枪用于深海资源勘探的人工地震源，它产生压力子波通常要求具有频率低、不易衰减、穿透性强等特点，使其可以胜任深海地质结构探测。除了要有足够的低频成分，还要有足够大地瞬间能量输出，才能满足垂直穿透深、水平传播距离的远勘探要求。

根据高品质震源子波的要求，本节要从中抽象出符合粒子群算法的目标函数，即以粒子为自变量的单值输出函数，通常目标函数用 $f(a)$ 来表示，a 为搜索空间中的候选粒子。对于一个远场压力子波（图 3.2），为高效便捷地从海底反射

波分析出地表结构，压力子波需要尽可能大的主脉冲、尽可能小的气泡脉冲和鬼波（压力波在自由面处形成的反射波）。所以目标函数可以表示为

$$f\left(x_i\right) = -P_{\text{pri}} / P_{\text{bub}} \tag{3.5}$$

式中，负号是粒子群通常用于寻找目标函数最小值的粒子，即寻找粒子 a，使得搜索空间内的所有粒子满足 $f(a) \leqslant f(b)$。如果想要单纯地减小虚反射的话，我们可以让目标函数等于主脉冲的虚反射。

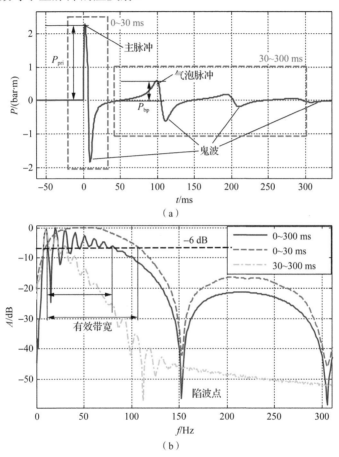

（a）

（b）

图 3.2 单枪远场压力子波及其对应的频谱曲线特性[94]

此外，还可以通过频谱特征来建立目标函数。在图 3.2 中对比了远场压力子波上不同时段内的频谱密度，蓝色实线表示全时段内（0～300 ms）的频谱密度曲线，红色虚线表示主脉冲段（0～30 ms）对应的频谱密度曲线，最后一条绿色极不规则的点画线对应气泡脉冲段（30～300 ms）的频谱密度曲线。如图 3.2 所示，主脉冲段对应的频谱密度曲线基本保留了全时段内的全部频谱特征，而且在有效

带宽范围内（约 10～100 Hz[25]），频谱不仅更加光滑而且具有较大的振幅，与之相反，气泡脉冲段对应的频谱抖动剧烈。因此，基于频谱建立的目标函数同远场压力子波一样，要消除气泡脉冲的影响，不过在频谱上体现为增加频谱有效带宽和光顺程度。新的目标函数是基于频谱方差建立的，旨在减小 0～100 Hz 范围内频谱曲线的波动，如式（3.6）所示：

$$f = \sum_i \left(S(\omega_i) - E(\omega_i) \right)^2 \cdot p(\omega_i), \, 10 < \omega_i < 100 \tag{3.6}$$

式中，$S(\omega_i)$是频谱曲线上离散点对应的函数值（$10 < \omega_i < 100$）；$E(\omega_i)$是 $S(\omega_i)$ 在每一个小的频率增量上的算术平均值；$p(\omega_i)$代表了权重。

为了进一步提高频谱的振幅强度，本章采用了基于频谱包络的优化方法，即用频谱包络代替式（3.6）中的算术平均值 $E(\omega_i)$。包络可以通过希尔伯特变换计算得到，希尔伯特变换会将信号分解到实域内，实部和虚部满足柯西-黎曼方程，实部和虚部的几何平均数即是原信号的包络。在实际计算中，首先求频谱 $S(\omega_i)$ 和其算术平均值 $E(\omega_i)$的差值 $\Delta S(\omega_i)$，然后对这个差值进行希尔伯特变换，也可以看成是差值信号与函数的协方差 $h(t) = 1/(\pi t)$，频谱的上下包络则可以分别表示成式（3.7）和式（3.8）。图 3.3 展示了频谱上中下包络与频谱的对比，可以看出该方法在计算频谱包络具有较好的效果。

$$S_{\text{upper\_envelope}}(\omega) = E(\omega) + \left\| \mathcal{H}\left(\Delta S(\omega) \right) \right\| \tag{3.7}$$

$$S_{\text{lower\_envelope}}(\omega) = E(\omega) - \left\| \mathcal{H}\left(\Delta S(\omega) \right) \right\| \tag{3.8}$$

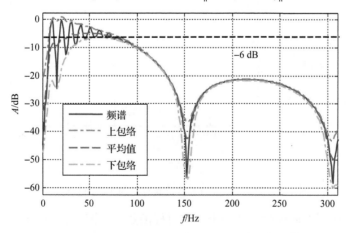

图 3.3 基于希尔伯特变换的频谱上中下包络与频谱的对比[94]

3.1.4 待优化的控制参数

在实际勘探中，为保证气枪阵列具有低频宽带高能的要求，阵列的布置并不是随意的，有时为了设计一个满足要求的阵列可能要花很长时间，传统阵列多通过实验反复测试得到的，成本高效率低，如何快速设计一个气枪阵列是工程中一大技术难点。为了提高探测压力波的信噪比，衍生出了各种特殊阵列，如平面阵列、空间阵列、交错阵列和延迟阵列等。气枪设计基本原则是提高气枪远场压力子波主脉冲振幅值，改善频谱低频段光滑程度，调整的参数主要包括气枪水平位置、气枪沉放深度、气枪数量、气枪容积和发射时间等。

控制变量是指在计算中待调整的阵列信息参数，从而使得气枪激发的压力波具有更好的探测分辨率，主要包括气枪容积 V_{gun}、气枪内压 P_{gun}、沉放深度 H_{gun}、气枪间距 X_{gun}、阵列间距 Y_{gun}、延迟发射时间 t_{delay} 等。为便于工程中对气枪阵列的调整，待优化的控制变量被分成多级。根据第 1 章的叙述，可知各单支气枪固定在一排排的气枪支架上，我们将每一排的气枪称为一个"子阵"，多个这样的子阵即构成了一个完整的气枪阵列，我们将其称为"全阵"。优化过程中可以将子阵作为优化对象进行参数整体调整，也可以对全阵中每一支枪参数进行调整，也可称作"全阵调整"，相比于子阵调整，单枪参数的调整实施起来要略微复杂一些，但优化效果却是非常显著的。

调整气枪容积：优化过程中，保持枪阵的总容积不变，控制每支气枪体积的变化，使得粒子体积分布逐步向最优粒子靠近，但每一次迭代计算出的气枪体积都不一定是整数，最终计算出的最优粒子中，个别气枪体积可能超出现有气枪型号，不符合工程实际的应用。为解决该问题，本章在优化过程中添加了体积限制条件，并建立了气枪容积约束库，使气枪容积按照固定的体积进行优化。工程中可根据现有枪型和减容块的组合来达到缩小容积的目的，表 3.1 展示了 Sleeve 枪与减容块组合后的所有容积，由表可知，气枪的最小容积为 6 in^3，最大容积为 300 in^3。建立气枪体积容积库后，在优化过程中，每一步迭代后得到的气枪容积与该标准气枪库进行比对，并将迭代后的气枪容积用标准气枪库中最接近的容积值进行代替，从而达到了按现有气枪容积进行优化的目的。

表 3.1　Sleeve Gun 组合后的气枪容积　　　（单位：in^3）

气枪容积								减容块
10	20	40	70	100	150	210	300	—
6	16	36	66	96	146	206	296	4
	15	35	65	95	145	205	295	5
	14	34	64	94	144	204	294	6
	12	32	62	92	142	202	292	8
		30	60	90	140	200	290	10
		25	55	85	135	195	285	15

续表

气枪容积								减容块
		20	50	80	130	190	280	20
		15	45	75	125	185	275	25
					120	180	270	30
					115	175	265	35
					110	170	260	40
					105	165	255	45
						160	250	50
						155	245	55
							240	60
							235	65

调整气枪深度：通过气枪沉放深度调整来改变气枪发射压力波到达自由面的距离，使得鬼波（自由面的反射波）形成时间发生变化。如果气枪发射深度布置合理，可以通过压力波的不断叠加，来减小鬼波的幅值、延长频谱低频段的有效带宽，延迟陷波点的形成时间。另外，气枪深度的调整也改变了气枪气泡间的距离，使各单枪气泡辐射的压力脉冲发生变化。气枪一般通过定深绳来进行深度调整，但受限于浮体龙骨和定深绳长度等因素，气枪沉放深度一般不会超过 20 m，并且海面并不是静止的，气枪深度 H_{gun} 的调整精度实际上是极不易控制的，本章将气枪深度调整范围控制在 5～15 m。

调整气枪间距：若气枪架是水平布置的，那么气枪竖直方向 Y 坐标即为整个阵列的坐标，所以这里对气泡间距的调整指的是对气枪水平 X 坐标的调整，X 坐标的调整往往会使得阵列排布变得极不整齐，所以这种阵列也被叫作交错阵列。各气枪是有真实尺寸的，并不是球形气泡脉动模型中假想的没有真实尺寸的点源，所以 X 坐标的优化也并不是无限制的。为了避免气枪彼此靠得太近，在计算中人为地加入距离约束，让任意相邻两气枪间距不小于 1.5 m，并且为了避免优化后的结果出现小数，间距调整的计算精度也可以采取一定措施进行调节。

交换气枪位置：深海资源探测过程中，气枪位置（空间坐标 X、Y、Z）受限于气枪架，挂点位置并不能任意变化，且实际气枪数目有限，没有多余气枪可供调整，这时可以采用交换不同挂点位置处的气枪，达到气枪阵列优化的目的。那么问题来了，我们将如何从大量可能的气枪排布中找寻初泡比大、频谱光滑、能量高的气枪阵列。对于一个由 n 支气枪组成的气枪阵列，气枪摆放位置有 $n!$ 种可能，若 $n=40$，则 $n!$ 的量级将达到 10 的 47 次方，因此想要遍历所有的气枪摆放位置在时间上是不可能的，针对这一难点，可以采用两种方法来终止计算：①规定优化的计算时间，在限定的时间内遍历尽可能多的气枪排列，并从中选出最优的几组解；②拟定相应的目标函数，当某气枪空间位置对应的目标函数满足要求时，终止计算。

子阵调整主要包括子阵深度调整、子阵间距的调整以及子阵顺序的调整，调整过程中将阵列中的子阵作为一个整体进行优化，即子阵中的各气枪参数同时变化，并且变化幅值相等，如将子阵深度下调 1 m，那么子阵中各枪 Z 坐标同时加深 1 m，这相比于单枪深度的调整要在工程中容易得多。另外，值得强调的是在子阵调整中，依然要遵守单枪调整的约束，有些值并不能任意变化，如深度、气泡间距等，需满足工程实际。除上述常用的阵列调整方法外，可能工程中还会用到一些混合阵列，在优化过程中可能同时有两个变量需要做出调整，如延迟空间阵列等，这些阵列的设计及优化往往更为复杂，一直是工程中难以解决的一大难题。

3.2　单枪调整计算结果

3.2.1　调整气枪容积

平面阵列指的是阵列中所有气枪位于同一沉放深度，即具有相等的 Z 坐标。气枪容积分布与初泡比关系密切，仅通过合理布置枪架中各位置的气枪容积，即可改善平面阵列远场压力子波品质。为保持优化前后主脉冲变化不大，在优化过程中人为控制阵列总容积相等，并且为了便于工程中实现，优化前后单枪容积 V_{gun} 保持与真实气枪一致。为实现上述优化限制，本节首先建立了一个常用气枪容积库，库中包括所有工程中可实现的气枪容积参数，在基于粒子群算法对于阵列进行优化时，每一次迭代我们都可以得到一个新的最优粒子（气枪阵列），但由于粒子速度变化是无约束的，阵列中各单枪容积在每次迭代优化后，可能变为任意的、非负的实数，因此我们需将优化后的各气枪容积与气枪库现存容积做一次匹配，从气枪库中选出同优化后各气枪容积差值最小的实枪容积代替原有容积。

图 3.4 为 3.1 节中给出的初始阵列经过 10 次迭代后的计算结果，最优粒子对应的平面位置分布图。阵列中各气枪位置不变，但各位置气枪的容积进行了重新分布，为使得各单枪容积与真实气枪匹配，使得阵列总容积相比于初始阵列略微减小，变为如图所示的 2180 in^3。另外初始气枪阵列中唯一的一组相干枪容积随各次迭代逐渐增大，10 次迭代后变为了 130 in^3 的相干枪，而阵列中其他枪容积满足表 3.1。优化后阵列对应的远场压力子波和频谱如图 3.5 所示，图中压力子波为采用 Sercel out -200/370 mp 滤波器进行处理后的结果。由图可见，初泡比（PB）由 15.65 升高至 24.98，气泡脉冲得到了有效压制，取得了较好的优化效果。从频谱上来看，优化后的气枪阵列对应的频谱曲线低频段变得更加光滑，-6 dB 处的有效带宽略微增加。

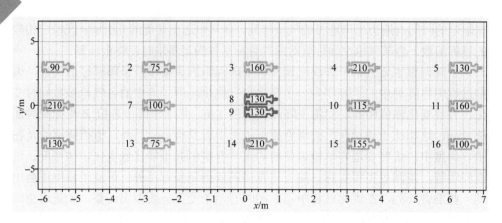

图 3.4 优化后的气枪阵列平面分布图（总容积 2180 in³）

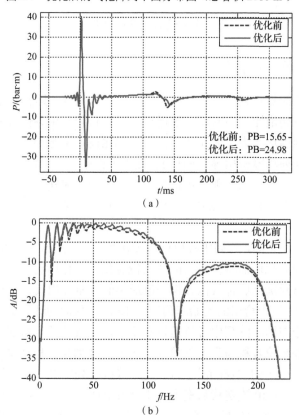

图 3.5 优化前后的压力子波及频谱曲线对比

3.2.2 调整气枪深度

空间阵列指的是阵列中各单枪分布在不同高度上，而测点通常在阵列的正下方，由于阵列中各气枪到达远场测点的时间不一致，造成理论计算中压力子波的叠加不同步。若气枪深度合理布置，可以使得各单枪产生的气泡脉冲相互抵消，从而使得远场压力子波气泡脉冲得到有效压制。在深度调整过程中，需考虑工程中施工约束限制，气枪沉放深度一般控制在 5～15 m，并且海面并不是静止的，气枪深度 H_{gun} 的调整精度极不易控制。本节采用控制精度为 0.5 m，且继续采用 3.1 节所示的平面阵列作为初始粒子，然后保持阵列中各气枪容积不变，仅通过深度 H_{gun} 的随机变化，生成包含 5 个粒子的初始粒子群（5 个粒子深度各不相同），粒子的速度和位置更新形式与式（3.3）和式（3.4）一致，但其中自变量为气枪位置的竖向坐标 Z。

保持目标函数不变（频谱上包络），经过 10 次迭代，优化后的阵列深度 Z_{opt} 如表 3.2 所示，阵列中各气枪深度均在 5～15 m。优化前后的远场压力子波和频谱对比如图 3.6 所示，不仅气泡脉冲得到了很好的压制，自由面反射引起的鬼波也相对减小了很多，这主要是深度调整引起了气枪气泡与自由面距离的变化，使得阵列中单枪鬼波形成时间相互错开，对应的叠加后鬼波幅值减小。从频域上来看，优化后的阵列频谱具有更加光滑的低频段，陷波点也有了明显改善。

表 3.2　优化后的气枪阵列中各单枪深度　　　　　（单位：m）

气枪	Z_{opt}	气枪	Z_{opt}
1#	5.5	9#	6.0
2#	7.0	10#	5.5
3#	5.0	11#	10.0
4#	7.0	12#	8.0
5#	7.0	13#	7.0
6#	6.0	14#	5.5
7#	6.0	15#	8.5
8#	6.0	16#	6.5

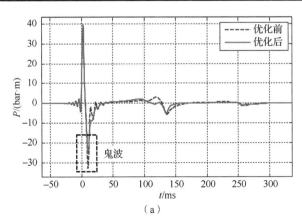

（a）

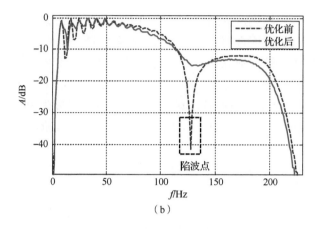

（b）

图 3.6　优化前后的压力子波及频谱曲线对比

3.2.3　调整气枪间距

交错阵列指的是子阵中单枪非均匀分布，可以通过改变每个单枪的横坐标 X 进行优化，但优化过程中两支气枪间距不能小于 1.5 m（除相干枪外）。本节继续以 3.1 节中的平面阵列为初始粒子，保持 $M=10$，$N=5$，目标函数仍基于频谱上包络进行计算，优化后的粒子（气枪阵列）平面分布如图 3.7 所示。阵列中各单枪排布的极不规则，阵列的其他条件如深度、延迟等均保持同初始阵列一致。优化前后的远场压力子波对比如图 3.8 所示。气泡脉冲同样得到了很好的压制，这主要是由于阵列中单枪横坐标 X 改变造成的，气泡间距变化后影响了气泡间的相互影响，使得气泡脉动相互压制。从频谱来看，有效低频段（10～100 Hz）变得更加光滑。

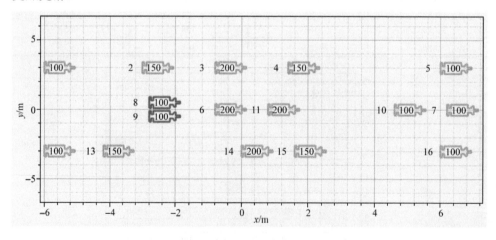

图 3.7　优化后的气枪阵列平面分布图

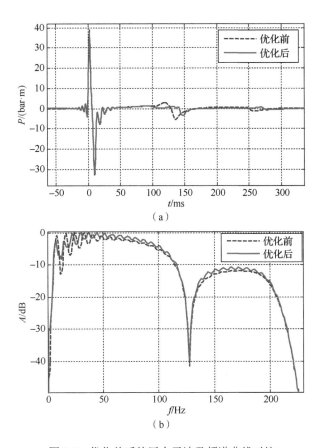

图 3.8　优化前后的压力子波及频谱曲线对比

3.2.4　交换气枪位置

对于一个已有的气枪阵列，通过交换不同位置处的气枪，也可以达到阵列远场压力子波优化的目的，其优化原理同单枪容积调整一致，只是这种方法不必动用减容块，也不需要补充阵列以外的气枪。图 3.9 为优化后的气枪阵列平面分布图。计算初始粒子亦如 3.1 节的平面阵列所示，目标函数为频谱上包络的期望，粒子个数 N 为 5，迭代次数 M 为 10，优化后的压力子波及频谱曲线如图 3.10 所示。优化后的气泡脉冲变小，初泡比从 15.65 增加至 25.38，大幅提高了探测压力波的信噪比，而频谱低频段也更加光滑。

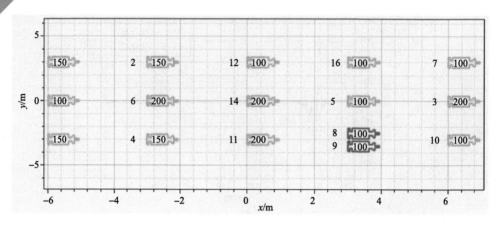

图 3.9　优化后的气枪阵列平面分布图

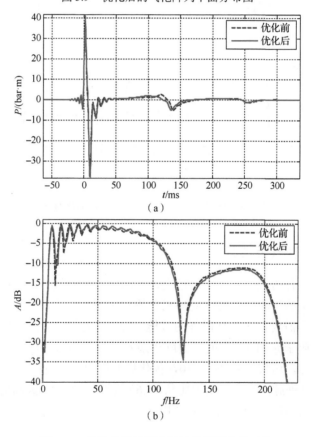

（a）

（b）

图 3.10　优化前后的压力子波及频谱曲线对比

3.3　子阵列调整计算结果

3.3.1　子阵列深度调整

将阵列中的每一行气枪作为一个整体进行优化,若气枪深度 H_{gun} 为控制变量,以 3.1 节的平面阵列为初始粒子（所有气枪深度 H_{gun} 均为 6 m）,将最上层阵列的下沉 1.8 m,中层阵列上浮 1.5 m,下层阵列保持不动,则调整后的阵列对应的远场压力子波和频谱曲线如图 3.11 所示。优化过程是以大初泡比为目标函数,粒子数为 5,迭代数为 10。由于深度的调整,鬼波有了明显的改善,其原理同单枪深度调整一致,优化后频谱有效带宽明显增加。

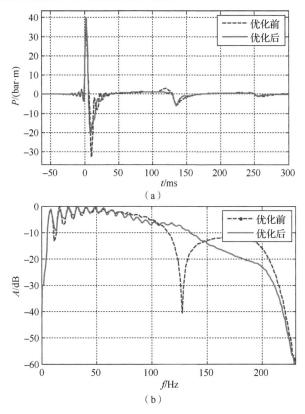

图 3.11　优化前后的压力子波及频谱曲线对比

3.3.2　子阵列位置交换

若保持气枪中其他布置信息不变,只交换子阵列的位置,那么以初泡比为目标函数进行优化，10 次迭代后发现将相干枪所在的子阵列放在最顶层，初泡比最大，对应的压力曲线和频谱曲线如图 3.12 所示。此外，还可以对子阵列的间距、位置、容积等进行调整，实现频谱及压力子波优化的目的。

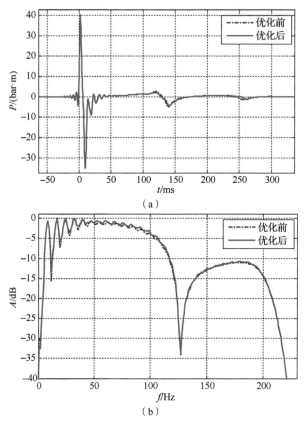

(a)

(b)

图 3.12　优化前后的压力子波及频谱曲线对比

3.3.3　延迟空间阵列

延迟阵列指的是阵列中每支枪的发射时间并不同步[61,187]，通常与立体阵列共同使用。对于一个同步的立体阵列而言，如上文所述气枪发射的远场压力子波到达远场测点时间不同，如果深度差距较大的话，虽然可能压制气泡脉冲，但同时也会导致主脉冲的下降，如果改变每支气枪的发射时间，让顶层的气枪首先发射，当顶层压力子波到达第二层气枪所在位置时，第二层气枪再发射，然后以下每一层同理，如图 3.13 所示，这样做可使得阵列中各气枪辐射压力波到达远场测点几乎同时，使得主脉冲叠加时刻相同，从而保证了主脉冲的幅值。延迟阵列的远场压力的计算公式如下：

$$P_{\text{field}}(t) = \sum_{i=1}^{n} p_i\left(r_i, t - T_{\text{del},i}\right) - \sum_{i=1}^{n} p_i\left(rg_i, t - T_{\text{del},i}\right) \tag{3.9}$$

式中，$T_{\text{del},i}$ 为人为延迟时间。

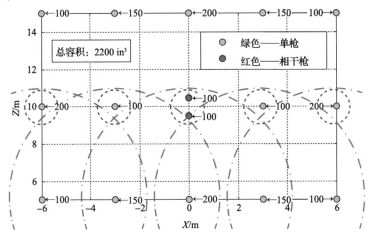

图 3.13　延迟阵列发射时间调整原理示意图[94]

3.4　本 章 小 结

本章基于高压气枪气泡的压力曲线和期望频谱，建立了多样化的目标函数，结合正演算法和粒子群智能优化算法对气枪阵列中单枪位置、容积、发射时间进行反演优化，达到了远场压力子波快速优化的目的，为气枪阵列的工程施工提供了理论依据和基础性技术支撑。

（1）建立了带约束的气枪阵列优化算法，考虑了空间位置、震源容积等实际施工限制，发现在给出合适的目标函数后，通过对气枪发射时间、空间分布等阵列布置参数的调整，可得到优化后的气枪阵列远场压力子波。

（2）建立了多样化的气枪阵列调整策略，优化过程中可以将阵列中每一行气枪作为一个整体进行优化，称作"子阵调整"，也可以对全阵中每一支枪参数进行调整，称作"单枪调整"或"全阵调整"，单枪参数的调整实施起来要略微复杂一些，但优化效果却是非常显著的。

第 **4** 章　非球形气枪气泡对压力子波的影响分析

4.1　引　　言

气枪领域中多采用球形气泡理论对远场压力子波进行模拟，球形气泡方法计算速度快，在远场压力的计算上具有明显优势，但球形气泡在近场压力计算、气泡与枪体的相互作用等力学机理问题研究上具有很大的局限性，难以直接用于非球形气枪气泡的脉动模拟以及近场压力计算的问题。本章基于势流理论方法，建立了气枪气泡脉动模型，研究了非球形气枪气泡近场压力特性、浮力对气枪气泡远场压力子波的影响以及气枪气泡与枪体相互作用。计算中考虑了气枪气泡的充气过程，采用了第 2 章提到的线性放气假设，气枪气室内气体被假设以恒定速度向气泡内部转移，直至气枪关闭；对于气枪和气泡间的热量交换，本章采用了开放式热力学系统假设，假定每一时间步气泡内气体温度变化都是均匀的，而对于气泡和周围水的热量交换，本章采用了热力学边界层厚度的基本假设；此外，为模拟射流穿透气泡表面的后续运动过程，计算中引入了单涡环及多涡环模型。

4.2　基于边界积分法的气枪气泡模拟

4.2.1　控制方程及定解条件

假设气泡在理想流场中脉动，流体满足无旋[108]、无粘[48]、不可压假设[105]。根据流体力学连续介质假设，流体运动满足质量守恒方程，$\partial\rho/\partial t + \nabla\cdot(\rho\boldsymbol{u})=0$。若流体无旋（$\nabla\times\boldsymbol{u}=0$）、不可压缩（$\partial\rho/\partial t=0$），则存在速度势满足 $\boldsymbol{u}=-\nabla\phi$，则由质量守恒方程化简即可得到如下控制方程：

$$\nabla^2\phi=0 \tag{4.1}$$

即流域内流体运动满足 Laplace 方程[100]。上述将气泡在水中运动的规律用数学式表达出来，即得到了该物理现象所满足的控制方程。除此之外，还需要将这个问题所具有的特定条件也用数学式表达出来，这是因为任何一个具体的物理现象都是处在特定的条件之下，该特定条件即为气泡在水中运动的边界条件和初始条件。

下面先建立气泡在水中运动的坐标系，如不考虑自由面和边界等条件对气泡的影响，即气泡在一个无限大的流场中自由脉动。这种模型是气泡在水中运动的、最简单的模型，坐标系通常直接建立在气泡中心处，即以气泡中心为坐标原点。对于复杂流场环境，可能包括的边界还有刚性边界、自由面边界、气泡边界以及无穷远边界等，流场速度势在边界上分别满足不同的边界条件，如下所示。

在气泡表面 S_b 上，速度势满足：

$$\frac{\mathrm{d}\boldsymbol{r}}{\mathrm{d}t}=\nabla\phi=\frac{\partial\phi}{\partial n}\boldsymbol{n}+\frac{\partial\phi}{\partial\tau}\boldsymbol{\tau} \tag{4.2}$$

在刚性边界表面 S_s 上，速度势满足：

$$\frac{\partial\phi}{\partial n}=\nabla\phi\cdot\boldsymbol{n}=\boldsymbol{V}_s\cdot\boldsymbol{n}=0 \tag{4.3}$$

在自由表面 S_f 上，和气泡表面上的速度势一样，满足：

$$\frac{\mathrm{d}\boldsymbol{r}}{\mathrm{d}t}=\nabla\phi=\boldsymbol{V}_f=\frac{\partial\phi}{\partial n}\boldsymbol{n}+\frac{\partial\phi}{\partial\tau}\boldsymbol{\tau} \tag{4.4}$$

无穷远处，速度势满足：

$$\phi\to 0,\quad \frac{\partial\phi}{\partial n}\to 0 \tag{4.5}$$

式中，V_s 为刚性边界运动的速度矢量；V_f 为自由面运动的速度矢量；r 是任意一点的位置矢量。

要求解流体运动控制方程（4.1），还须先求得如下初始条件：①初始时刻，气泡表面上各节点的位置；②初始时刻，气泡表面上各节点的速度；③初始时刻，气泡表面上各节点的速度势。

4.2.2　边界积分法基本理论

4.2.1 节将实际气泡运动简化为气泡在理想流场中的脉动模型，并给出了模型的定解条件，包括初始条件和边界条件。本节将继续讨论基于边界积分法的上述模型求解过程。构造一个满足如下方程的格林函数 $G(M,M_0)$：

$$\nabla^2 G(M,M_0)=-\delta(M-M_0) \tag{4.6}$$

式中，δ 为狄拉克函数；M_0 为源点（边界点所在位置）；M 为场点（流场中任意位置）。流场中任意一点的速度势满足控制方程（4.1），结合方程（4.6），则有下式成立：

$$\nabla\big(G(M,M_0)\nabla\phi(M)-\phi(M)\nabla G(M,M_0)\big)=\phi(M)\delta(M,M_0) \tag{4.7}$$

根据高斯公式，则有

$$\iint_S \left(G(M,M_0)\frac{\partial \phi(M)}{\partial n} - \phi(M)\frac{\partial G(M,M_0)}{\partial n} \right)\mathrm{d}S = \iiint_V \left(\phi(M)\delta(M,M_0) \right)\mathrm{d}V$$

(4.8)

根据格林函数具有对称性，即 $G(M, M_0)= G(M_0, M)$。将方程（4.8）中的 M 和 M_0 对换，得到

$$\lambda\phi(M)=\iint_S \left(G(M_0,M)\frac{\partial \phi(M_0)}{\partial n} - \phi(M_0)\frac{\partial G(M_0,M)}{\partial n} \right)\mathrm{d}S$$

(4.9)

式中，S 包含除无穷远边界外的所有流场边界，这是由于在无穷远处速度势满足无穷远边界条件。方程（4.9）等号左侧在无穷远边界上的积分为 0，λ 为在 M 点观察流场的立体角，λ 满足：

$$\lambda = \iint_S \left(\frac{\partial G(M_0,M)}{\partial n} \right)\mathrm{d}S$$

(4.10)

方程（4.6）对应的格林函数形式如下[188]：

$$G(M_0,M) = |M - M_0|^{-1}$$

(4.11)

由式（4.9）可以看出，流场中任意一点的速度势都可以通过边界上的值进行积分得到，相比于有限元等方法，边界积分法降低了计算维度，大幅提高了计算效率。下面我们将上述方程进行离散，若边界划分为若干个连续单元（数目为 m），方程（4.9）则可离散为

$$G\frac{\partial \phi}{\partial n} = H\phi$$

(4.12)

式中，G 和 H 为系数矩阵。第 i 单元（$i<m$）对第 j 节点（$j<n$）的影响表示为[188]

$$G_{i,j} = \iint_{S_i} \frac{1}{|r_i - R_j|}\mathrm{d}S_i$$

(4.13)

$$H_{i,j} = \lambda\delta_{i,j} + \iint_{S_i} \frac{\partial}{\partial n}\frac{1}{|r_i - R_j|}\mathrm{d}S_i$$

(4.14)

根据离散型积分式（4.12），由流场边界上速度势 ϕ 求取流场边界法向运动速度$\partial\phi/\partial n$，再由差分的方法计算气泡的切向速度$\partial\phi/\partial\tau$，边界运动的合速度 $\mathrm{d}r/\mathrm{d}t$ 为

$$\frac{\mathrm{d}r}{\mathrm{d}t} = \frac{\partial \phi}{\partial n}n + \frac{\partial \phi}{\partial \tau}\tau$$

(4.15)

4.2.3　涡环模型基本理论

射流穿透气泡表面后，气泡由单连通变成双连通，如图 4.1 所示。气泡表面的速度势在空间上不再是一个单值函数，环形气泡周围存在着速度环量。对于

环形气泡问题的求解，Wang 等[105]提出了涡环模型，假设气泡内部距气泡表面最远处存在着一个涡环，流场的速度势分成两部分；一部分是剩余速度势 ϕ_r；另一部分是涡环引起的诱导速度势 ϕ_i。同样地，流场速度包含两部分可以表示为 $u = u_i + u_r$，其中 u_i 和 u_r 分别为诱导速度和剩余速度。对于剩余速度势的求解可以通过积分方程（4.9），而涡环诱导速度势可通过毕奥-萨伐尔定律进行求解，如下式所示：

$$\nabla\phi_i = \frac{\Gamma}{4\pi}\oint_C \frac{R\times\mathrm{d}l}{|R|^3} \tag{4.16}$$

式中，C 是封闭的涡环；Γ 是涡环环量；R 是流场中任意一点的位置矢量。对式（4.16）积分，即可得到流场中 p 点的诱导速度势：

$$\phi_i(p) = \int_{(0,0,\infty)}^{p} \nabla\phi_i \cdot e_z \mathrm{d}R_z = \frac{\Gamma}{4\pi}\oint_C\left(\frac{R_z}{|R|}\pm 1\right)\frac{1}{R_r^2}e_z\cdot\left(R\times\mathrm{d}l\right) \tag{4.17}$$

式中，R_z 是位置矢量 R 的垂直分量；ϕ_i 在无穷远处等于 0。

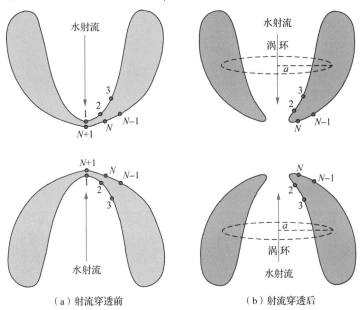

（a）射流穿透前　　　　　　（b）射流穿透后

图 4.1　数值处理和涡环模型

在单涡环模型基础上，Zhang 等[116]提出了多涡环模型，当气泡撕裂后，气泡由单个环形气泡变成了多个环形气泡，且每个气泡中心都布置一个涡环，这样的话，流场中任意一点的速度势就分成了三个部分，除剩余速度势 ϕ_r 外，还包括两个涡环各自引起的诱导速度势，分别表示为 ϕ_{i1} 和 ϕ_{i2}，即总速度势 $\phi = \phi_{i1} + \phi_{i2} + \phi_r$。同理，流场速度同样分成三部分，其中各涡环引起的诱导速度都可以用式（4.16）来求。

4.2.4 求解流程

本节主要阐述了边界积分法的基本理论，同球形气泡理论一样，在给定合适的初始条件后，根据迭代法即可对 4.2.1 节中的控制方程进行求解。下面我们将论述基于边界积分法求解气枪气泡脉动过程的基本思路。

（1）首先，给定合适的初始条件，包括气枪气泡初始半径 R_0、初始压力 P_0、初始速度 U_0 等；然后，对初始球形气泡表面进行离散，并基于给定的初始条件，求取气泡表面各离散节点上的速度势 ϕ、速度 $\boldsymbol{u}$ 以及各节点的位置坐标 $\boldsymbol{r}$。

（2）设定迭代时间步 Δt 的大小，为保证网格结构稳定，本章采用了 Wang 等[104]给出的时间步 Δt 计算公式，根据速度势的变化控制空格网格更新速度，保证任意相邻的时间步 Δt 的节点位移不超过网格长度的最小值。另外，气枪气泡发射过程压力子波的主脉冲对时间步的变化极为敏感，为了避免气枪充气过程的时间步过大，导致主脉冲值的计算出现误差，本章对于气枪放气阶段采用了如下时间步计算方法：

$$\Delta t = \min\left(\frac{\Delta\phi}{\max|\mathrm{d}\phi/\mathrm{d}t|},\ \frac{L_{\min}}{|\nabla\phi|},\ \frac{\Delta m}{\mathrm{d}m/\mathrm{d}t}\right) \tag{4.18}$$

式中，$\Delta\phi$ 是控制更新幅度的一个常数；$L_{\min}$ 是最小网格的长度；Δm 是气泡内气体的物质的量的变化。

（3）根据离散型积分式（4.12），由流场边界上速度势 ϕ 求取流场边界法向运动速度 $\partial\phi/\partial n$，再由差分的方法计算气泡的切向速度 $\partial\phi/\partial\tau$，最后根据切向速度和法向速度求取边界运动的合速度 $\mathrm{d}\boldsymbol{r}/\mathrm{d}t$：

$$\frac{\mathrm{d}\boldsymbol{r}}{\mathrm{d}t} = \frac{\partial\phi}{\partial n}\boldsymbol{n} + \frac{\partial\phi}{\partial\tau}\boldsymbol{\tau} \tag{4.19}$$

（4）求得各节点速度 $\mathrm{d}\boldsymbol{r}/\mathrm{d}t$ 后，即可根据给定的时间步，对流场边界上各点位置进行更新，计算过程为了避免网格在部分地区过分堆积（如射流形成区域），往往会在网格节点更新时进行数值光顺或重构，详情可参见文献[189]、[190]。气泡位置更新公式如下：

$$\boldsymbol{r}(t+\Delta t) = \boldsymbol{r}(t) + \frac{\mathrm{d}\boldsymbol{r}}{\mathrm{d}t}\cdot\Delta t \tag{4.20}$$

（5）根据状态方程（2.5），更新气泡体积 V_b 及气泡内压 P_b，其中气泡温度、物质的量计算采用 2.2.2 节的基本理论。根据伯努利积分方程，对流场边界上各点位置进行更新，这里采用的是二阶龙格-库塔法，如下式所示：

$$\phi(t+\Delta t) = \phi(t) + \Delta t\left(\frac{1}{2}\left|\nabla\phi(t+\Delta t/2)\right|^2 - gz(t+\Delta t/2) - \frac{P_b(t+\Delta t/2) - P_\infty}{\rho}\right)$$

$$\tag{4.21}$$

（6）然后重复步骤（2）～步骤（5），直至计算完成。

4.2.5　数值模型验证

基于 4.2 节边界积分的基本理论与 2.2 节气枪的基本工作原理，本节建立了轴对称气枪气泡模型，初始气枪气泡被假设为一个半径为 R_0、内压为 P_0 的球形气泡，气枪边界影响暂时忽略不计，气泡右半表面被离散成 102 个单元、103 个节点，计算采用的是 8 点高斯积分公式，而且离散的气泡表面认为是由线性单元[189-190]构成的，即各变量在单元上呈线性分布，详情亦可参见文献[191]。此外，在计算过程中气泡内压的更新采用的是 2.2.1 节的范德瓦耳斯气体状态方程，而且 2.2.2 节中的气枪气泡传质传热过程亦添加到了轴对称模型中。为验证本节轴对称气枪气泡模型的正确性，本节暂时不计浮力影响，将边界元模型同 Rayleigh 气枪气泡模型[31]进行了对比，采用工况如下：初始气枪容积 V_{gun} = 300 in³（约 491.6 cm³），初始气枪内压 P_{gun}= 2000 psi（约 13.8 MPa），初始气枪沉放深度 H = 6 m，根据第 2 章中气枪初始条件的计算，对应的气枪充气时间 τ = 5.89 ms，气枪的放气效率 η = 73.22%[76]。

由图 4.2 可知，当不计浮力时气泡脉动基本保持球形，初始时刻气泡体积认为同气枪容积相等，即 $R_0=(3V_{gun}/4\pi)^{1/3}$，气泡内压 P_0 等于气泡周围流体的静压力，此时气枪内压远大于气泡内压，在二者的压差驱动下，气体快速从气枪内部向气泡内部转移，如图 4.3（c）所示。由于本节采用的是线性充气模型，气泡体积增加呈线性变化，气泡快速膨胀的同时向外辐射压力波，如图 4.3（b）所示。当 t=5.89 ms，气枪出气口关闭，气泡内气体的物质的量达到了最大值。由于不计枪体边界影响，气枪气泡开始不受影响的自由脉动，而浮力效应的忽略使得气泡中心基本保持不变，在 61.78 ms 左右，气泡半径达到了最大值，如图 4.3（a）所示，随后气枪气泡开始坍塌。伴随着气泡的坍塌，气泡内压开始逐渐增大，同时气泡内部气体温度也开始升高，直至 t = 122.51 ms，气泡半径达到了本周期的最小值，而气泡内压和温度达到了最大值，如图 4.3（d）所示，为气泡的下周期脉动蓄积了能量。本节虽然没有考虑流场的压缩性，但计及了气泡与周围流场的热量交换，这导致了气泡能量逐渐耗散，使得各周期气泡半径逐渐减小。

为进一步验证模型的正确性，本节对边界元模型的能量变化进行了分析，图 4.4 描述了流场动能 E_k、势能 E_p、热能 Q 以及总能量 E_{total} 的时历变化。流场的动能 E_k 的计算采用如下公式[70]：

$$E_k = -\frac{\rho}{2} \iint \phi \frac{\partial \phi}{\partial n} dS \qquad (4.22)$$

流场的势能计算采用[70]：

$$E_p = P_\infty \cdot V_b - \rho g V_b \cdot z_c + \frac{5}{2} m_b R_g T_b - Q \qquad (4.23)$$

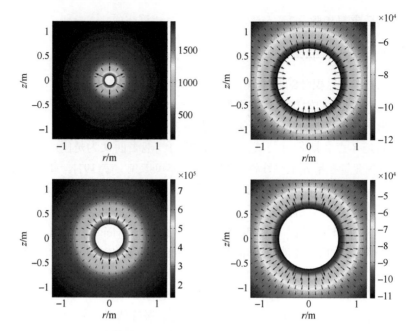

图 4.2　无浮力单枪气泡速度矢量和压力云图（时间为 0.00 ms、61.78 ms、122.51 ms 和 177.97 ms）[76]

色图刻度表示流场压力大小，单位为 Pa

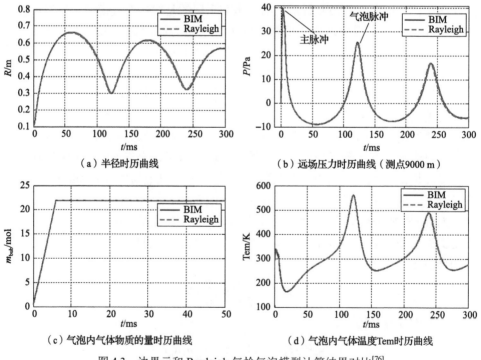

图 4.3　边界元和 Rayleigh 气枪气泡模型计算结果对比[76]

式中，V_b、m_b 和 T_b 分别是气泡内气体的体积、物质的量和温度；z_c 是气泡中心的高度；Q 是气泡和周围流体的交换热量。总能量 E_total 等于势能 E_p 和动能 E_k 的加和。当 $t < \tau$ 时，总能量随气枪向气泡内部充气线性增长，充气结束后（$t > \tau$），总能量维持恒定，验证了模型能量守恒。

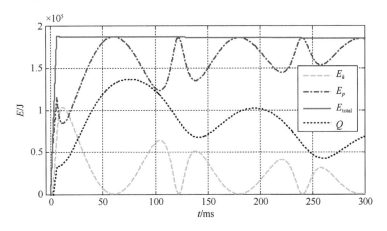

图 4.4　流场动能、势能、热能以及总能量的时历变化曲线[76]

在气枪设计中，参数 τ 和 η 是我们最关心的几个重要参数，放气效率 η 决定了气枪内气体的利用效率，放气时间 τ 决定了气枪的放气速率，虽然在计算中我们对这两个初始条件进行了假设，但实际上这两个参数主要是由气枪结构及开口大小决定的。图 4.5 描述了 τ 和 η 对单枪远场压力子波的影响。随着放气效率 η 的增加，主脉冲、气泡脉冲和气泡周期都有不同程度的增加；随着放气时间 τ 的增加，主脉冲和气泡脉冲逐渐减小，但对气泡周期的影响并不大，这与 2.3.1 节的初始条件影响分析所取得的结论基本一致。从 τ 和 η 对单枪远场压力子波的影响来看，为提高气枪性能、优化气枪震源远场压力子波，在气枪设计过程中应尽可能增大放气效率 η，减小放气时间 τ。

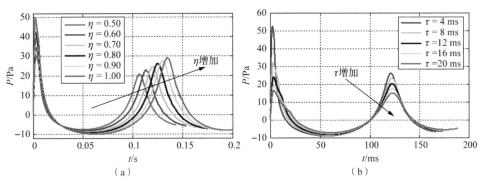

图 4.5　放气效率 η 和放气时间 τ 对单枪远场压力子波的影响[76]

4.3 浮力效应的影响

图 4.6 描述了浮力效应作用下的单枪气泡脉动，计算的初始条件同 4.2 节基本一致。如图所示，气枪气泡膨胀阶段大体呈球形（61.39 ms），但是在气泡坍塌阶段，在浮力作用下气泡底部形成了一个高压区（117.05 ms），在高压区的作用下气泡底端获得了更大的收缩速度，形成了向上的水射流（132.85 ms）。射流穿透气泡上表面后，气泡由单连通变成了双连通，气泡周围存在速度环量，流场速度势不再是空间上的单值函数，这里我们采用了 Wang 等[105]的涡环模型来模拟后续环状气泡运动（133.96~159.28 ms），气泡顶端被拉长形成了一个明显的突出，气泡形态如同一个倒置的漏斗，气泡形态同 Koukouvinis 等[192]和 Zhang 等[193]的电火花气泡实验大体相似。为进一步比较，图 4.7 描述了浮力参数为 0.06 的自由场电火花气泡运动。

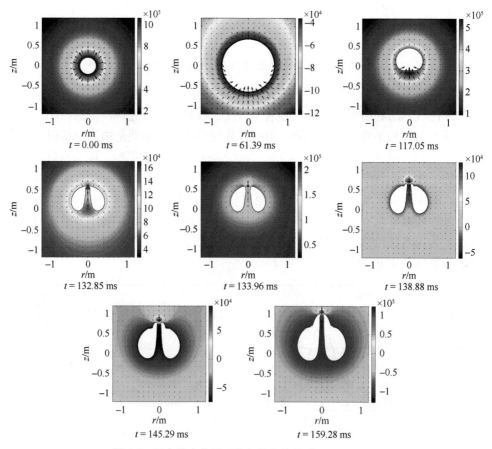

图 4.6 浮力效应作用下的气枪气泡运动（$\delta = 0.20$）

色图刻度表示流场压力大小，单位为 Pa

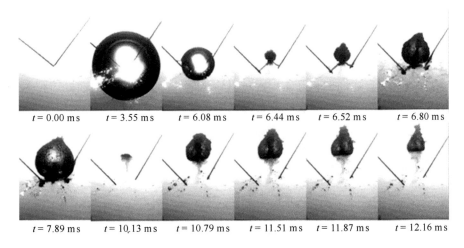

图 4.7　自由场电火花气泡运动（$\delta = 0.06$）

图 4.8 对比了有浮力和无浮力情况下的气泡体积和远场压力子波时历变化。测点距气泡中心 9000 m 远，虽然浮力作用下气泡形态和无浮力工况差别较大，但远场压力子波和气泡容积变化并不明显，这也再次验证了 Ziolkowski 等[25,54]和 Landrø 等[46]的球形气枪气泡脉动假设，即单枪远场压力子波计算时气泡形态变化的影响可以忽略不计。

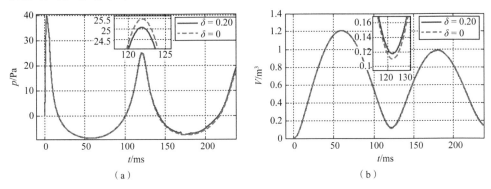

（a）　　　　　　　　　　　　　（b）

图 4.8　浮力效应作用下的远场压力子波和气泡容积同无浮力工况对比[76]

4.4　自由液面的影响

为使气枪发射的压力子波更好地用于海底资源探测，气枪往往需要沉放在最佳深度处。当气枪深度较大时，气泡周围环境压力较大，气枪发射时，气枪内部高度压缩气体从气枪口喷出速度较慢，致使压力波脉冲变宽、有效频带变窄、气泡脉动阻力增大；而当气枪沉放深度过浅时，一部分能量将转会为自由面的破碎能，如图 4.9 所示，使得能量有效利用率降低。因此，气枪最佳沉放深度的研究十分有意义。本节我们研究了不同高度 H_{gun} 下的自由面对气枪气泡脉动的影响，由于自由面形态变化并不是这里我们所关心的，本节采用了镜像法来计算自由面的影响，气泡与自由面的相互作用则可以转化为气泡与其在自由面处的镜像的相互作用，且镜像气泡与气泡表面分布源强度大小相等，方向相反。

图 4.9　气枪气泡与自由面的相互作用[48]

采用镜像法计算时，若假设气泡编号为 1，气泡在自由面处的镜像气泡编号为 2，那么离散型的格林积分公式即为

$$\begin{bmatrix} G_{11} & G_{12} \\ G_{21} & G_{22} \end{bmatrix} \cdot \begin{bmatrix} \partial\phi_1/\partial n \\ \partial\phi_2/\partial n \end{bmatrix} = \begin{bmatrix} H_{11} & H_{12} \\ H_{21} & H_{22} \end{bmatrix} \cdot \begin{bmatrix} \phi_1 \\ \phi_2 \end{bmatrix} \tag{4.24}$$

由于镜像气泡（气泡 2）与原气泡（气泡 1）速度势满足 $\phi_1 = -\phi_2$、$\partial\phi_1/\partial n = -\partial\phi_2/\partial n$，所以上式可以进一步化简为

$$(G_{11} - G_{12}) \cdot \partial\phi_1/\partial n = (H_{11} - H_{12}) \cdot \phi_1 \tag{4.25}$$

另外在远场压力计算时，镜像气泡与原气泡引起的流场压力变化具有一个时间延迟。若原气泡引起的流场压力为 $P(r, t)$，镜像气泡引起的压力为 $P(r_g, t)$，其中 r 和 r_g 分别为气泡和镜像气泡到远场测点的距离，那么远场测点的压力可以表示为

$$P_{ced}(t) = P(r,t) + P\left(r_g, t - \frac{r_g - r}{c}\right) \tag{4.26}$$

图 4.10（a）描述了气泡距自由面 1 m 时的气泡脉动情况，初始阶段，随着气泡膨胀，气泡逐渐向自由面靠近，气泡上部被略微拉长（64.57 ms）；坍塌阶段，在气泡与自由面间形成高压区，高压驱动下气泡内部形成向下的水射流（146.02 ms）。射流穿透气泡底部后，气泡变成环形，同自由场一样，后续计算采用了涡环模型，射流穿出气泡表面后气泡短时间内将继续坍塌（238.00 ms），同时在气泡底端形成了明显的突出物。当气泡距自由面高度增加到 1.5 m 时的气泡运动如图 4.10（b）所示，自由面对气泡脉动的影响明显减弱，气泡在膨胀阶段大体为球形，坍塌阶段气泡内部形成射流更为尖细（156.92 ms），射流穿出气泡表面后，形成了更细更长的突出物（212.98～233.85 ms）。

　　自由面影响下的单枪压力子波及其频谱如图 4.11 所示，测点位于气泡下方 9000 m 远，压力子波实际上是由两部分构成，一部分是由气泡自身引起的，另一部分是由气泡在自由面处的镜像引起的，二者引起的压力波在远场测点处叠加，即形成了图 4.11 所示的压力时历曲线，二者达到远场测点的时间存在着一个时间延迟，在球形气泡理论研究中我们忽略气泡尺寸效应，将其近似为 $2H_{\text{gun}}/C$。根据不同深度下的远场压力曲线对比，可以看出来主脉冲受深度影响并不大，但对气泡脉冲和气泡周期具有较大影响，这可能是由于主脉冲是在气泡快速膨胀阶段形成的，主要决定于气枪的放气速率 η，而气泡脉冲则是气泡坍塌至最小时生成的，深度增加间接增大了气泡脉动的阻力，使得气泡周期缩短，气泡坍塌过程中具有更多的能量用于向外辐射压力波。综上，工程中气枪发射深度 H_{gun} 不宜过大，当然这只是理论上的情况，实际应用中我们考虑外界其他因素的影响，如海浪等，为避免气枪气泡冲出水面会加大沉放深度。

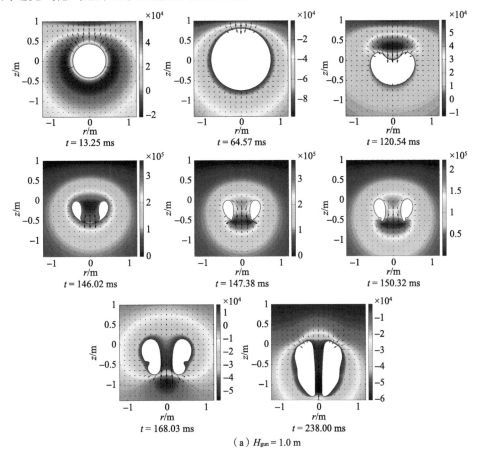

（a）$H_{\text{gun}} = 1.0$ m

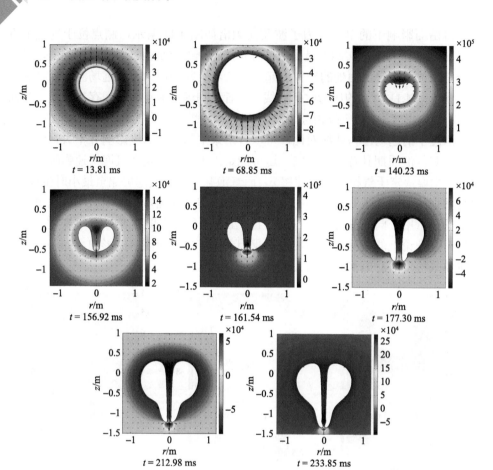

（b）$H_{gun} = 1.5$ m

图 4.10　距自由面不同深度下的气泡脉动情况[76]

色图刻度表示流场压力大小

　　我们下面从压力子波频谱的角度进行分析，不同深度对应的频谱最明显的特征即是陷波点位置的变化，随着深度增加频谱陷波点逐渐迁移，这主要与陷波点的成因有关。如果单枪气泡引起的直接压力子波可以用 $f(t)$ 来表示，远场测点对应的压力子波即可粗略地表示为直接压力子波和其镜像的叠加 $f(t) - f(t-\Delta t)$，其中 Δt 即为前文所述的时间延迟（约 $2H_{gun}/C$）；若令 $W(f)$ 为直接压力波 $f(t)$ 对应的频谱函数，根据傅里叶变换的特性，远场压力子波对应的频谱函数为 $W(f) \cdot (1 - e^{i \cdot 2\pi f \cdot \Delta t})$，所以陷波点对应的频率 f 即满足 $f = 1/\Delta t$，与气枪沉放深度 H_{gun} 成反比。如图 4.11（b）所示，当气枪沉放深度为 9 m 时，陷波点频谱甚至低于 100 Hz，使得探测信号的低频带宽大为减小。

典型的气枪阵列沉放深度在 5～10 m 之间，气枪发射时处于自由面下方，气枪在水中来回摇晃会使得压力子波来回变化；另外，气枪沉放深度 H_{gun} 的设计过程中，还要考虑频带以外的鬼波问题，通常海床接收和反射的频率范围在 3～100 Hz 左右，具体情况要依据试验设备和探测环境，如果陷波点的频率控制在 100～125 Hz，将大幅提高气枪品质。随着阵列沉放深度增加，频谱上陷波点频率就会越小，中心频率向低频端移动，致使通频带变窄[11]。

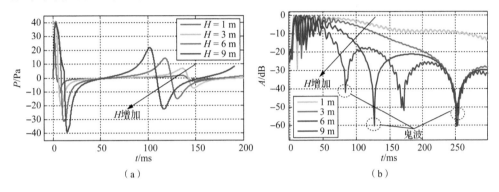

图 4.11 距自由面不同深度的远场压力子波时历曲线及频谱[76]

4.5 气枪枪体的影响

4.5.1 气枪气泡动力学模型简化

本节建立的轴对称模型主要用于模拟环形开口气枪气泡脉动，如海洋工程领域中常用的 Sleeve 枪，详情参见第 1 章，虽然轴对称模型不能直接用于四开口气枪气泡脉动模拟，但在气泡膨胀阶段后期，气枪初始放气产生的四个小气泡最终将融合成一个大的环形气泡，同本节模拟结果依然存在一定相似性，如图 4.12（b）所示，环形开口的气枪气泡模型被简化成了气泡与两个圆柱杆的相互作用，我们对气枪枪体边界和气泡边界进行了离散，圆柱间存在一个高度为 h 的间隙，初始时刻的气枪气泡被假设为填满两圆柱间隙，即初始气泡是高度为 h 的圆柱形，忽略气泡在两圆柱端部的运动情况。此外，根据图 4.12 可以看出，气枪枪体边界并不总是位于流场内，随着气泡膨胀，气枪枪体逐步没入气泡内部，而伴随气泡坍塌，枪体会逐步从气泡内部露出，为解决这种近边界问题，本章引入了倪宝玉[191]的近边界气泡脉动模型。

若气枪上边界、气泡和下边界分别用 s_1、b 和 s_2 来表示，则边界元积分方程（4.9）有如下形式：

$$\begin{bmatrix} G_{s_1s_1} & G_{s_1b} & G_{s_1s_2} \\ G_{bs_1} & G_{bb} & G_{bs_1} \\ G_{s_2s_1} & G_{s_2b} & G_{s_2s_2} \end{bmatrix} \cdot \begin{bmatrix} (\phi_n)_{s_1} \\ (\phi_n)_b \\ (\phi_n)_{s_2} \end{bmatrix} = \begin{bmatrix} H_{s_1s_1} & H_{s_1b} & H_{s_1s_2} \\ H_{bs_1} & H_{bb} & H_{bs_1} \\ H_{s_2s_1} & H_{s_2b} & H_{s_2s_2} \end{bmatrix} \cdot \begin{bmatrix} (\phi)_{s_1} \\ (\phi)_b \\ (\phi)_{s_2} \end{bmatrix} \tag{4.27}$$

对于轴对称模型来说，式中，G 是 $\int(1/r)\mathrm{d}r$ 对应的离散系数矩阵；H 是 $\int\partial(1/r)/\partial n\mathrm{d}r$ 对应的离散系数矩阵；$(\phi_n)_b$ 和 $(\phi_n)_s$ 分别是气泡表面和气枪边界上节点的法向速度；$(\phi)_b$ 和 $(\phi)_s$ 分别是气泡表面和气枪边界上节点的速度势，由于气枪枪体满足刚性边界条件假设，则上式中$(\phi_n)_s$等于 0，式（4.27）可以被进一步代数化简。

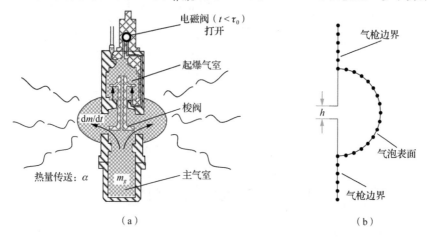

图 4.12　简化的气枪气泡与枪体耦合作用模型

4.5.2　模型交界点处理

值得注意的是，气泡与刚性壁面交界点的处理，交界点是指流体-固体-气体的三相交界点，一方面，交界点位于刚性边界上，其速度势需要满足 Neumann 边界条件；另一方面，交界点又位于气泡边界上，其速度势需要满足 Dirichlet 边界条件，也就是说，交界点上的速度势要同时满足 Dirichlet 和 Neumann 边界条件。本章首先将角点当作气泡表面上的点进行处理，将速度拆分成两项，一个沿着壁面的法线方向，一个沿着壁面的切线方向，根据刚性边界条件，角点法向速度等于 0，根据气泡边界条件，角点速度等于角点沿壁面方向速度，这样就保证了交界点位置始终在刚性边界上，只会沿着边界上下滑移，但不会脱离或侵入界面。

以编号为 i 的节点为例，假设单元上的所有变量都是线性变化，根据积分方程（4.9），在柱坐标系下点 i 对应的离散型重组矩阵可以写为[191]

$$\lambda\phi_i + \sum_{j=1}^N \int_0^1 \phi_j(\xi)\cdot r_j(\xi)\cdot\frac{\partial}{\partial n}\left(\int_0^{2\pi}\frac{1}{|r_j(\xi)-R_i|}\mathrm{d}\theta\right)\cdot J\mathrm{d}\xi$$

$$= \sum_{j=1}^{N} \int_{0}^{1} \phi_{n,j}\left(\xi\right) \cdot r_{j}\left(\xi\right) \cdot \int_{0}^{2\pi} \frac{1}{\left|r_{j}\left(\xi\right) - R_{i}\right|} \mathrm{d}\theta \cdot J \mathrm{d}\xi \tag{4.28}$$

式中，N 为单元数；R_i 为节点 i 在柱坐标系下位置向量的横坐标；r_j 为节点 j 的横坐标；$r_j(\xi)$、$\phi_j(\xi)$ 和 $\phi_{j,n}(\xi)$ 代表了 j 和 $j+1$ 节点间相应变量的插值；ξ 为 0 到 1 之间的插值函数；J 是雅克比矩阵。若采用 8 点高斯积分公式对上式进一步离散，式（4.28）变为[191]

$$\lambda\phi_i + \sum_{j=1}^{N}\sum_{k=1}^{8}\left(\phi_j\left(\xi_k\right) \cdot H'\left(r_j\left(\xi_k\right), R_i\right) \cdot S_j\left(\xi_k\right)\right)$$

$$= \sum_{j=1}^{N}\sum_{k=1}^{8}\left(\frac{\partial\left(\phi_j\left(\xi_k\right)\right)}{\partial n} \cdot G'\left(r_j\left(\xi_k\right), R_i\right) \cdot S_j\left(\xi_k\right)\right) \tag{4.29}$$

$$H'\left(r_j\left(\xi_k\right), R_i\right) = r_j\left(\xi_k\right) \cdot \frac{\partial}{\partial n}\left(\int_{0}^{2\pi}\frac{1}{\left|r_j\left(\xi_k\right) - R_i\right|}\mathrm{d}\theta\right) \tag{4.30}$$

$$G'\left(r_j\left(\xi_k\right), R_i\right) = r_j\left(\xi_k\right) \cdot \int_{0}^{2\pi}\frac{1}{\left|r_j\left(\xi_k\right) - R_i\right|}\mathrm{d}\theta \tag{4.31}$$

$$S_j\left(\xi_k\right) = \sqrt{\left(\mathrm{d}r_j\left(\xi_k\right)/\mathrm{d}\xi\right)^2 + \left(\mathrm{d}z_j\left(\xi_k\right)/\mathrm{d}\xi\right)^2}\,\mathrm{d}\xi_k \tag{4.32}$$

根据方程（4.12），对于节点 i 处的离散矩阵可以写成如下形式，其中 ϕ_1、ϕ_{i-1}、ϕ_i、ϕ_{i+1} 和 ϕ_{N+1} 代表各节点速度势，而 $\partial\phi_1/\partial n$、$\partial\phi_{i-1}/\partial n$、$\partial\phi_i/\partial n$、$\partial\phi_{i+1}/\partial n$ 和 $\partial\phi_{N+1}/\partial n$ 代表各节点的法向速度[191]。

$$[H_{i,1} \cdots H_{i,i-1}\ H_{i,i}\ H_{i,i+1} \cdots H_{i,N+1}] \cdot \begin{bmatrix} \phi_1 \\ \vdots \\ \phi_{i-1} \\ \phi_i \\ \phi_{i+1} \\ \vdots \\ \phi_{N+1} \end{bmatrix}$$

$$= [G_{i,1} \cdots G_{i,i-1}\ G_{i,i}\ G_{i,i+1} \cdots G_{i,N+1}] \cdot \begin{bmatrix} \partial\phi_1/\partial n \\ \vdots \\ \partial\phi_{i-1}/\partial n \\ \partial\phi_i/\partial n \\ \partial\phi_{i+1}/\partial n \\ \vdots \\ \partial\phi_{N+1}/\partial n \end{bmatrix} \tag{4.33}$$

根据各点处速度势的线性差值，式（4.29）中的 $\phi_j(\xi_k) = (1-\xi_k)\cdot\phi_j+\xi_k\cdot\phi_{j+1}$，整理后得到的 $\boldsymbol{H}$ 矩阵对应系数如下，表征了边界上各节点对节点 i 的影响，$\boldsymbol{G}$ 矩阵系数的计算与之相似，只有 G_{ii} 项的计算时无 H_{ii} 的第一项。

$$
\begin{cases}
H_{i,1} = \sum_{k=1}^{8}\left((1-\xi_k)\cdot\boldsymbol{H}'\left(r_1(\xi_k),R_i\right)\cdot S_1(\xi_k)\right) \\[2mm]
H_{i,i-1} = \sum_{k=1}^{8}\left(\xi_k\cdot\boldsymbol{H}'\left(r_{i-2}(\xi_k),R_i\right)\cdot S_{i-2}(\xi_k)\right) + \sum_{k=1}^{8}\left((1-\xi_k)\cdot\boldsymbol{H}'\left(r_{i-1}(\xi_k),R_i\right)\cdot S_{i-1}(\xi_k)\right) \\[2mm]
H_{i,i} = 1 + \sum_{k=1}^{8}\left(\xi_k\cdot\boldsymbol{H}'\left(r_{i-1}(\xi_k),R_i\right)\cdot S_{i-1}(\xi_k)\right) + \sum_{k=1}^{8}\left((1-\xi_k)\cdot\boldsymbol{H}'\left(r_i(\xi_k),R_i\right)\cdot S_i(\xi_k)\right) \\[2mm]
H_{i,i+1} = \sum_{k=1}^{8}\left(\xi_k\cdot\boldsymbol{H}'\left(r_i(\xi_k),R_i\right)\cdot S_i(\xi_k)\right) + \sum_{k=1}^{8}\left((1-\xi_k)\cdot\boldsymbol{H}'\left(r_{i+1}(\xi_k),R_i\right)\cdot S_{i+1}(\xi_k)\right) \\[2mm]
H_{i,N+1} = \sum_{k=1}^{8}\left(\xi_k\cdot\boldsymbol{H}'\left(r_N(\xi_k),R_i\right)\cdot S_N(\xi_k)\right)
\end{cases}
$$

根据方程（4.33）我们即可求出各节点的法向速度 $\partial\phi_i/\partial n$，然后依据差分法计算气泡切向速度，从而获得气泡在节点 i 的真实速度 u_i，但对于超近壁面问题，若节点 i 为气泡与壁面的接触点，那么速度 u_i 不能直接用于节点位置更新，因为节点法向速度计算过程中，只考虑气泡表面边界条件，并没有考虑壁面不可穿透边界条件，直接用于节点位置更新很可能会导致交界点脱离壁面，使得计算终止。因此，在获得气泡法向速度和切向速度后，仍需要对其进行强制约束，本章借助倪宝玉[191]和叶亚龙[70]的基本思想，强制将计算出的速度 u_i 分解成两部分，一部分沿着壁面法线方向 n_s，另一部分沿着壁面切向方向 τ_s，然后令壁面法线方向的速度分量等于零，只保留壁面切线方向的速度，并用切向方向速度代替交界点 i 处的真实速度 u_i。

$$
\begin{cases}
0 = \dfrac{\partial\phi}{\partial n}\cdot n_s + \dfrac{\partial\phi}{\partial\tau}\cdot n_s \\[3mm]
u_i = \dfrac{\partial\phi}{\partial n}\cdot\tau_s + \dfrac{\partial\phi}{\partial\tau}\cdot\tau_s
\end{cases}
\tag{4.34}
$$

4.5.3　流场压力及速度计算

流场中任意测点 p 的压力 p，可以通过测点到无穷远处的伯努利方程求取，若不考虑无穷远处的速度，流场压力 p 满足：

$$
\frac{p-P_\infty}{\rho} = -\frac{\mathrm{d}\phi}{\mathrm{d}t} + \frac{(\nabla\phi)^2}{2} - gz
\tag{4.35}
$$

根据上式可以看出，要求得流场任意位置处压力 p，还必须知道流场在该点处速度 $\nabla\phi$ 和速度势的时间导数 $\mathrm{d}\phi/\mathrm{d}t$。流场中任意一点的速度势根据间接边界积分法，

可以表示为边界上的值的积分[194]:

$$\phi(p) = \iint_S \frac{\sigma(q)}{|r-R|} \mathrm{d}S = G \cdot \sigma(q) \tag{4.36}$$

式中，$\sigma(q)$ 为流场边界上的分布源密度。为求取 $\phi(p)$，首先要求得 $\sigma(q)$，令 p 位于流场边界上（$p=q$），包括气泡边界、自由面等所有边界，而且 p 点的速度势同样满足式（4.36），但不同的是，根据积分方程（4.9）其中 $\phi(p)$ 已知，$\phi(p)=\phi(q)$，所以根据简单数学变换，即可以求得边界上分布源密度 $\sigma(q)$：

$$\sigma(q) = G_q^{-1} \phi(q) \tag{4.37}$$

式中，p 位于气泡表面，所以在系数阵下加上了下标 q。

现在边界上的分布源密度已经求得，则根据式（4.36），流场中任意测点 p 的速度势 $\phi(p)$ 满足：

$$\phi(p) = G \cdot \sigma(q) = G \cdot \left(G_q^{-1} \cdot \phi(q) \right) \tag{4.38}$$

当流场测点 p 处的速度势 $\phi(p)$ 已知后，即可由上式的梯度求得流场测点速度 $\nabla\phi(p)$：

$$\nabla\phi(p) = \nabla(G \cdot \sigma(q)) = \iint_S \nabla_p\left(\frac{1}{|r-R|} \right) \mathrm{d}S \cdot \left(G_q^{-1} \cdot \phi(q) \right) \tag{4.39}$$

根据方程（4.38），可以知道测点 p 的速度势 $\phi(p)$ 与流场边界上的速度势是相关的 $\phi(q)$，对于方程（4.35）中的速度势导数的求取，通常可以采用相邻时间步的速度势差分近似计算：

$$\frac{\mathrm{d}\phi(p)}{\mathrm{d}t} = G \cdot \frac{\mathrm{d}\sigma(q)}{\mathrm{d}t} = G \cdot \left(G_q^{-1} \cdot \frac{\phi(q)|_{t+\Delta t} - \phi(q)|_t}{\Delta t} \right) \tag{4.40}$$

采用差分方法求取 $\phi(p)$，一方面精度相对较低，另一方面对于变节点问题或界面的出入水问题并不适用，界面上的某些节点可能某一时刻在流场中，但下一刻就不在流场中，基于间接边界元法，如图 4.13 所示，图 4.13（a）中位于时间步 t 和 $t+\Delta t$ 内的红色节点，t 时刻这些节点位于流场内，但 $t+\Delta t$ 时刻却进入气泡内部，不在流场之中，图 4.13（b）中 $t+\Delta t$ 时刻，网格节点进行了加密处理，新增节点的 $\phi(p)$ 多通过插值得到，而上一时间步 t 时刻，这些点不存在，所以这些点的速度势导数 $\mathrm{d}\phi(p)/\mathrm{d}t$ 并不能直接由差分求得，为解决该问题，本章采用如下思路，即通过边界分布元密度的导数 $\mathrm{d}\sigma(q)/\mathrm{d}t$ 来求速度势导数 $\mathrm{d}\phi(p)/\mathrm{d}t$。

$$\frac{\mathrm{d}\phi(p)}{\mathrm{d}t} = G \cdot \frac{\mathrm{d}\sigma(q)}{\mathrm{d}t} = G \cdot \left(G_q^{-1} \cdot \frac{\mathrm{d}\phi(q)}{\mathrm{d}t} \right) \tag{4.41}$$

式中，$\mathrm{d}\phi(q)/\mathrm{d}t$ 并不需要通过差分的方法来求，而是通过流场边界上测点 q 到无穷远处的伯努利方程来求：

$$\frac{\mathrm{d}\phi(\boldsymbol{q})}{\mathrm{d}t} = -\frac{p(\boldsymbol{q}) - p_{\infty}}{\rho} + \frac{(\nabla\phi(\boldsymbol{q}))^2}{2} - gz(\boldsymbol{q}) \tag{4.42}$$

式中，$p(\boldsymbol{q})$和$z(\boldsymbol{q})$分别为流场边界节点的压力和 z 坐标，对于$p(\boldsymbol{q})$对应的流场边界为气泡表面，则可根据气体状态方程和气泡内外压差公式来求，如方程（2.4）所示。

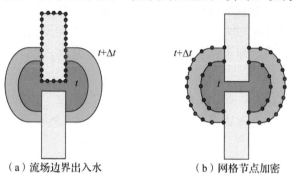

（a）流场边界出入水　　　　　　（b）网格节点加密

图 4.13　流场边界节点出入水和网格节点加密

4.5.4　计算结果

为方便同电火花气泡实验相比较，本节采取了如下初始条件对模型进行验证：$\tau = 0$，$\eta = 1$，$\alpha = 0$，$V_{gun} = 17.12 \text{ mm}^3$，$P_{gun} = 1200$ psi，从初始条件可以看出，这里气泡被认为瞬间形成的（即 $\tau = 0$、$\eta = 1$），且未考虑气泡与周围的热量交换（$\alpha=0$），这样比较符合电火花气泡的生成特性。气泡与直径 8 mm 的两圆柱的相互作用如图 4.14 所示，初始阶段气泡被略微压扁，在 $t = 1.05$ ms 气泡水平半径达到最大，在气泡坍塌阶段，流场中气泡左右两端各形成一个高压区（$t = 2.15$ ms），高压驱动下形成了两个指向圆柱的高速水射流，在 $t = 2.21$ ms，气泡在圆柱中心线附近碰撞，气枪气泡被撕裂成两部分。图 4.15 描述了电火花气泡在直径 8 mm 圆柱间的运动，根据电火花气泡实验可以看出，气泡溢出圆柱端部后，气泡表面极不光滑，气泡撕裂后上下两部分沿着壁面上下滑移。

图 4.16 和图 4.17 中的圆柱直径减小到 6 mm，气泡初始体积同上一个工况（$D = 8$ mm）保持相同，而圆柱间距 h 可以根据初始气泡体积进行调节，气泡运动情况同工况（$D = 8$ mm）大体相似。此外，本节对不同圆柱直径下，气泡体积和流场压力进行了定量分析，如图 4.18 所示，气泡体积随着圆柱直径的增加而减小，由于射流穿透气泡表面后计算终止，气泡脉冲可能还没有达到最大值，但是当圆柱直径较大时，气泡脉冲的形成时间更早。另外，数值模拟的气枪气泡周期同电火花气泡有明显不同，造成二者差异的主要原因可能是，数值计算中我们忽略了气泡在圆柱间的运动，计算的起始点即为气泡从圆柱端部溢出；另一个可能的原因是初始条件不同，电火花气泡形成的过程中由于铜丝电极的持续燃烧也会导致其周期延长。

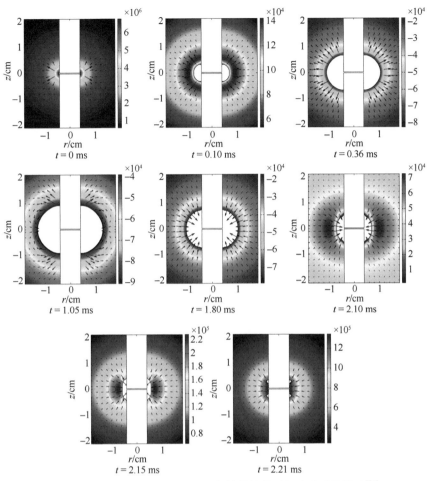

图 4.14　直径 8 mm 的环形开口气枪的枪体对气泡脉动的影响[76]
色图刻度表示流场压力大小，单位为 Pa

图 4.15　电火花气泡在两直径 8 mm 圆柱间的运动[76]

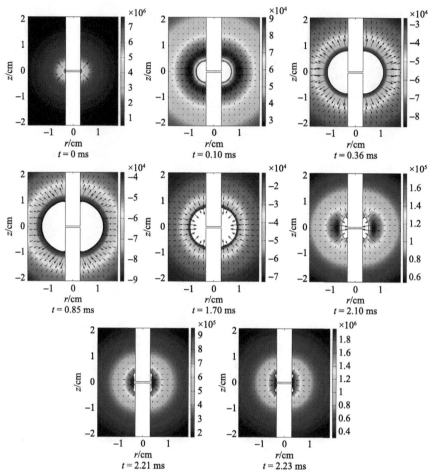

图 4.16　直径 6 mm 的环形开口气枪的枪体对气泡脉动的影响[76]

色图刻度表示流场压力大小，单位为 Pa

图 4.17　电火花气泡在两直径 6 mm 的圆柱间运动[76]

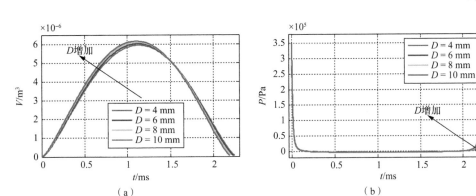

图 4.18   不同枪体直径下气泡体积和距气泡 0.5 m 处的压力随时间变化曲线[76]

4.6   本 章 小 结

为研究非球形的气枪气泡动力学演化行为对远场压力子波的影响，本章基于势流理论，结合气枪气泡的形成机理，建立了气枪气泡脉动边界元模型，在气枪气泡与自由面相互作用模拟中采用了镜像法，在气枪气泡与气枪边界相互作用研究中，引入了超近距离壁面接触点的特殊处理方法，成功地模拟了非球形气枪气泡脉动过程以及周围流场的压力变化，并系统地研究了浮力效应、自由面效应以及枪体效应对远场压力子波的影响，得出了以下结论：

（1）通过对压力曲线主脉冲、气泡脉冲和周期的对比，发现在有、无浮力的工况下，距气泡中心 9000 m 测点处的压力形态基本吻合，也就是说浮力引起的气泡非球形变化几乎对远场压力子波影响不大，但从气泡周围压力云图来看，压力分布明显不对称，在气泡坍塌后期，浮力作用下气泡内部形成了向上射流，并在坍塌后期，从气泡上表面穿出变成环形气泡。

（2）根据球形气枪气泡的研究，已知在气枪设计及制造过程中，气枪的放气效率 η 和放气时间 τ 都是影响压力子波的关键参数，虽然在计算中我们对这两个初始条件进行了假设，但实际上这两个参数主要是由气枪结构及开口大小决定的。通过研究发现，随着放气效率 η 的增加，主脉冲、气泡脉冲和气泡周期都有不同程度的增加，随着放气时间 τ 的增加，主脉冲和气泡脉冲逐渐减小，但对气泡周期的影响并不大。从 τ 和 η 对单枪远场压力子波的影响来看，为提高气枪性能优化气枪震源远场压力子波，在气枪设计过程中应尽可能增大放气效率 η，减小放气时间 τ。

（3）对于自由面附近的气枪气泡，主脉冲受气枪布置深度影响并不大，但水深对气泡脉冲和气泡周期具有较大影响，因此在气枪海上实际应用时，气枪发射深度布置不宜过深，当然这只是理论上的情况，实际应用中还要考虑外界其他因素的影响，如海浪等。另外气枪沉放深度也不宜过浅，过浅气枪布置会导致气泡能以自由面破碎的形式损失，使得能量有效利用率降低。

（4）依据环形中间开口气枪，如 Sleeve 枪等，建立了计及枪体影响的轴对称边界元模型，研究发现气枪枪体的存在对于气泡脉动具有较大影响，随着枪体直径的增加，例如气泡脉动周期逐渐减小，气泡最大体积逐渐增大等。

第5章 多气枪气泡相干问题分析

5.1 引　　言

　　为了压制气枪压力子波中的干扰信号（气泡脉冲等），除了 GI 枪、气枪阵列等，实际上多枪相干也是工程中一种常用的技术手段，如图 5.1 所示，图从左至右分别为双气枪、三气枪和四气枪相干的情况，气泡相干性的研究十分有意义，对于工程中组合震源设计十分有帮助，但目前关于多枪相干问题的研究相对较少，虽然研究多气泡的文章较多，但大多数文章都是基于水下爆炸气泡问题展开的，而且把更多的注意力放在了气泡形态和载荷上。本章基于边界积分法，对不同排布方式的多气枪气泡问题进行了进一步研究，并重点分析了相干枪间距对主脉冲、气泡脉冲和周期等参数的影响，经对比发现多枪相干中存在着临界距离，使得气泡脉冲可以得到很好压制，而又不会对主脉冲的幅值造成很大影响，如图 5.2 所示。

图 5.1　多枪相干在工程中的应用[1]

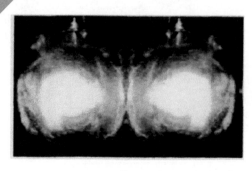
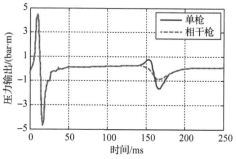

图 5.2　相干枪气泡运动示意图[28-29]

5.2　多气泡脉动模型

为简化计算，本章模型中忽略了浮力及枪体效应，但仍考虑了气枪发射过程中的传质传热效应，初始气泡容积被假设与气枪容积 V_{gun} 相等，对应的气枪气泡初始半径 R_0 即等效为 $(3V_{gun}/4\pi)^3$，气枪气泡初始压力 P_0 等效为气枪气泡中心处的静水压力，随着气枪发射气枪内气体逐渐转移到气泡内部，这里采用的仍是线性充气假设，放气一段时间气枪出气口将被关闭，气泡内气体的物质的量将达到最大，由于不计枪体边界影响，气枪气泡开始不受影响的自由脉动，考虑到气枪内部气体并不会完全充入到气泡内部，本章引入了气枪放气效率 η，即出气口关闭后，气泡内气体的物质的量与初始气枪总物质的量的比值。此外，本章的多气泡脉动边界元模型计入了气泡与周围流场的热量交换，并采用了传热系数 α 来控制热量耗散的快慢。

计算时首先设定气泡半径 R_0、气泡内压 P_0、气体温度 T_0，然后基于气体状态方程计算气泡内气体初始的物质的量 m_0。根据初始给定的气泡表面各点速度势 ϕ，基于格林第二公式求取气泡表面各点的法向运动速度 $\partial\phi/\partial n$，如式（5.1）所示，以 n 个气泡为例，至于切向速度可由相邻的几个节点的速度势差分进行计算，如刘云龙[189]给出的二阶精度计算方法。

$$\begin{bmatrix} \partial\phi_1/\partial n_1 \\ \partial\phi_2/\partial n_2 \\ \vdots \\ \partial\phi_n/\partial n_n \end{bmatrix} = \begin{bmatrix} G_{1,1} & G_{1,2} \cdots G_{1,n} \\ G_{2,1} & G_{2,2} \cdots G_{2,n} \\ & \vdots \\ G_{n,1} & G_{n,2} \cdots G_{n,n} \end{bmatrix}^{-1} \cdot \begin{bmatrix} H_{1,1} & H_{1,2} \cdots H_{1,n} \\ H_{2,1} & H_{2,2} \cdots H_{2,n} \\ & \vdots \\ H_{n,1} & H_{n,2} \cdots H_{n,n} \end{bmatrix} \begin{bmatrix} \phi_1 \\ \phi_2 \\ \vdots \\ \phi_n \end{bmatrix} \quad (5.1)$$

然后，根据时间步更新下一时刻的气泡信息，包括气体温度 $T_b(t+\Delta t)$、气体的物质的量 $m_b(t+\Delta t)$、节点位置 $r(t+\Delta t)$，节点位置决定了气泡容积 $V_b(t+\Delta t)$ 和气泡表面积 $S_b(t+\Delta t)$，和上一时间步的气泡容积 $V_b(t)$ 的差分即可近似求出 dV/dt。对于气枪放气阶段（$t \leqslant \tau$）气泡内气体物质的量、温度和压力更新公式如下，详情亦可参见本书第 2 章：

$$
\begin{cases}
m_b\left(t+\Delta t\right) = m_b\left(t\right) + \left(\eta \cdot \dfrac{m_{\mathrm{gun}}}{\tau}\right) \cdot \Delta t \\[3mm]
T_b\left(t+\Delta t\right) = T_b\left(t\right) + \dfrac{\mathrm{d}m/\mathrm{d}t \cdot \left(R_g + C_v\right) \cdot T_{\mathrm{gun}} - \mathrm{d}m/\mathrm{d}t \cdot C_v \cdot T_b - P_b \cdot \mathrm{d}V/\mathrm{d}t}{m \cdot C_v} \cdot \Delta t \\[3mm]
P_b\left(t+\Delta t\right) = \dfrac{R_g \cdot m_b\left(t+\Delta t\right) \cdot T_b\left(t+\Delta t\right)}{V_b\left(t+\Delta t\right) - b \cdot m\left(t+\Delta t\right)} - \dfrac{a \cdot m\left(t+\Delta t\right)^2}{V\left(t+\Delta t\right)^2}
\end{cases} \tag{5.2}
$$

对于放气结束的阶段（$t > \tau$），上式中的 $\mathrm{d}m/\mathrm{d}t$ 变为 0，即气泡内气体的物质的量保持不变，$m_b\left(t+\Delta t\right) = m_b\left(t\right)$，另外，值得注意的是气泡内气体温度计算公式变为式（5.3），实际上放气阶段的气泡与周围水的散热并不是不考虑，而是采用了 Landrø 假设[46]，引入了等效比热容代替公式中的 C_v 进行计算（理想气体常数 R_g 的 12 倍）。

$$
T_b\left(t+\Delta t\right) = T_b\left(t\right) + \frac{\alpha \cdot S_b \cdot \left(T_b - T_w\right) - P_b \cdot \mathrm{d}V/\mathrm{d}t}{m \cdot C_v} \cdot \Delta t \tag{5.3}
$$

当气泡内压 P_b 求出后，根据伯努利方程即可完成对气泡表面各节点速度势的更新，这里采用的是具有二阶精度的荣格库塔法，对每一个时间步进行了再分割，更新公式如下：

$$
\phi\left(t+\Delta t\right) = \phi\left(t\right) + \Delta t\left(\frac{1}{2}\left|\nabla\phi\left(t+\Delta t/2\right)\right|^2 - gz\left(t+\Delta t/2\right) - \frac{P_b\left(t+\Delta t/2\right) - P_\infty}{\rho}\right) \tag{5.4}
$$

当新的速度势求出后，即可重复前几步的过程，进行多次迭代计算。

5.2.1　气泡融合处理

为验证模型的正确性和有效性，本章引入了崔璞博士论文中多电火花气泡相互作用实验[195]，如图 5.3 所示，当无量纲距离 γ 约为 1.1 时，由于气泡初始间距较小，在膨胀阶段气泡很快发生融合，气泡融合过程中为避免网格交叉引起计算发散，这里采用了气泡融合算法，当气泡相邻壁面间距（水膜厚度）小于某一临界值时，对气泡壁面网格进行拓扑结构的融合处理，详情可参见文献[171]、文献[97]等，根据 Rungsiyaphornrat 给出的融合准则[196]，临界值厚度为网格长度的 0.02。新气泡的容积 V_{new} 可直接通过数值计算得到，这里值得一提的是，融合后的气泡体积可能会发生微微突变，至于融合后的气泡压力 P_{new}，本章采用气体状态方程对其进行了等效，等效为融合前各气泡内压 P_i 与体积 V_i 乘积的加和与融合后气泡容积 V_{new} 的比值。融合后的气泡温度、压力和物质的量计算公式如下（$n = 3$）：

$$\begin{cases} m_{\text{new}} = m_1 + m_2 + \cdots + m_n \\ P_{\text{new}}\left(V_1 + V_2 + \cdots + V_n\right) = P_1 V_1 + P_2 V_2 + \cdots + P_n V_n \\ \left(m_1 + m_2 + \cdots + m_n\right) R_g T_{\text{new}} = m_1 R_g T_1 + m_2 R_g T_2 + \cdots + m_n R_g T_n \end{cases} \quad (5.5)$$

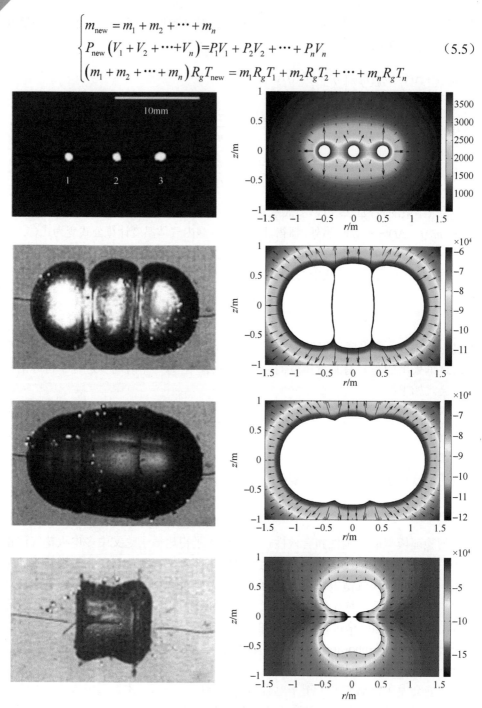

图 5.3 轴对称模型同电火花气泡[195]对比

右侧色图刻度表示流场压力大小

对于轴对称气泡模型，首先要找到融合点，如图 5.4 所示，然后将同一个气泡表面上两个融合点内的节点删除（即 $i_1 \sim i_3$、$i_2 \sim i_4$、$i_5 \sim i_7$ 以及 $i_6 \sim i_8$），融合点 i_1 和 i_2 删除，新增节点 i_{12}，其位置坐标为 i_1 和 i_2 的平均值，i_3 和 i_4、i_5 和 i_6、i_7 和 i_8 同样处理。然而对于三维气泡融合处理，要稍微复杂一些，除了要找到融合点外，还要找准融合线，并将融合线内的全部单元删除，将融合点移到两融合线的平均位置，融合过程如图 5.5 所示。融合后的气泡近似为椭球形，然后椭球形气泡以一个整体完成后续脉动，坍塌阶段气泡两端内凹形成对向射流，并在坍塌末期两射流在气泡竖直中心线附近发生碰撞。

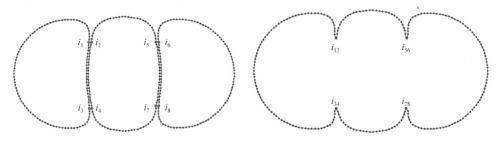

图 5.4 轴对称气泡融合示意图

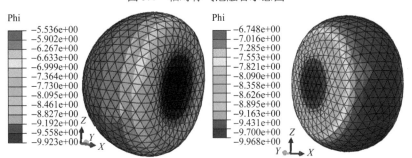

（a）左侧两气泡的融合

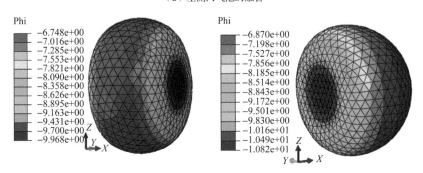

（b）右侧两气泡的融合

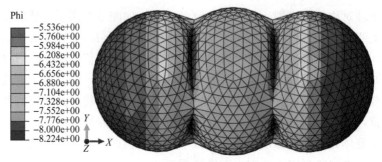

（c）相邻气泡的融合

图 5.5　三维气泡融合示意图

5.2.2　网格节点及速度势光顺

光顺的目的一方面是为了消除迭代过程中引起的计算误差累积，增强计算的稳定性；另一方面是为了消除融合后气泡表面的不光滑现象。假设速度势是关于气泡节点位置的一个二阶多项式，第 k 个节点对应的拟合速度势可以表示为[189,197]

$$\overline{\phi}_k = \sum_{m=0}^{2} \left(a_m \left(x_k \right)^m \right) = a_0 + a_1 x_k + a_2 x_k^2, \quad k \in [i-2, i+2] \tag{5.6}$$

式中，下标 i-1、i-2、i+1 和 i+2 表示距节点 i 最近的 4 个节点；a_m 为二阶多项式的拟合系数；x 代表将 5 节点保持间距不变移动到水平坐标轴上的节点坐标，中间点 i 的坐标为 0。拟合速度势和原速度势的残差为[189,197]

$$\text{Res} = \sum_{k=-2}^{2} \left(\overline{\phi}_k - \phi_k \right)^2 \tag{5.7}$$

根据最小二乘法的基本原理，当速度势的残差的偏导数为 0 时拟合效果最好，即

$$\begin{cases} \sum_{k=-2}^{2} \left(a_0 + a_1 x_k + a_2 x_k^2 - \phi_k \right) \cdot \left(x_k \right)^0 = 0 \\ \sum_{k=-2}^{2} \left(a_0 + a_1 x_k + a_2 x_k^2 - \phi_k \right) \cdot \left(x_k \right)^1 = 0 \\ \sum_{k=-2}^{2} \left(a_0 + a_1 x_k + a_2 x_k^2 - \phi_k \right) \cdot \left(x_k \right)^2 = 0 \end{cases} \tag{5.8}$$

上式中待求参量为 a_0，a_1，a_2，化简后上式变为

$$\begin{bmatrix} \sum_{k=-2}^{2} \left(x_k \right)^0 & \sum_{k=-2}^{2} \left(x_k \right)^1 & \sum_{k=-2}^{2} \left(x_k \right)^2 \\ \sum_{k=-2}^{2} \left(x_k \right)^1 & \sum_{k=-2}^{2} \left(x_k \right)^2 & \sum_{k=-2}^{2} \left(x_k \right)^3 \\ \sum_{k=-2}^{2} \left(x_k \right)^2 & \sum_{k=-2}^{2} \left(x_k \right)^3 & \sum_{k=-2}^{2} \left(x_k \right)^4 \end{bmatrix} \cdot \begin{bmatrix} a_0 \\ a_1 \\ a_2 \end{bmatrix} = \begin{bmatrix} \sum_{k=-2}^{2} \phi_k \left(x_k \right)^0 \\ \sum_{k=-2}^{2} \phi_k \left(x_k \right)^1 \\ \sum_{k=-2}^{2} \phi_k \left(x_k \right)^2 \end{bmatrix} \tag{5.9}$$

求出 a_1、a_2 和 a_3 后，带入式（5.6），即可获得节点 i 的拟合速度势，而由于节点 i 的坐标 $x_i = 0$，所以[189]

$$\phi_k = a_0 \tag{5.10}$$

5.2.3　多涡环模型

当无量纲距离 γ 约为 2.7 时，如图 5.6 所示，气泡初始间距较大使得气泡在整个膨胀坍塌过程中都没有发生接触，气泡脉动彼此独立完整，中间气泡在两端气泡的吸引下，逐渐从中部撕裂，而两端气泡在中间气泡的吸引下，气泡内部形成了指向中间气泡的水射流，坍塌末期射流从气泡表面的另一端穿出，形成了两个双连通的环形气泡与一个单连通气泡。

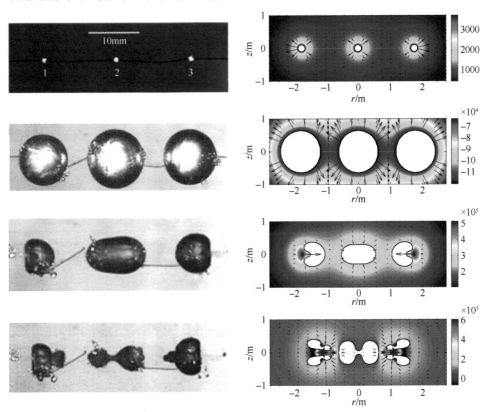

图 5.6　轴对称模型同电火花气泡[195]对比

色图刻度表示流场压力大小

为模拟后续的气泡运动，本章引入了多涡环模型，将速度势 ϕ 拆分成剩余速度势 ϕ_{res} 和涡环引起的诱导速度势 ϕ_{ind}。同理，速度 $\boldsymbol{u}$ 拆分成剩余速度 $\boldsymbol{u}_{res}$ 和诱导速度 $\boldsymbol{u}_{ind}$，其中 $\boldsymbol{u}_{ind}$ 和 ϕ_{ind} 可以通过毕奥-萨伐尔定律积分得到[105]

$$\nabla\phi_i = \frac{\Gamma}{4\pi}\oint_C \frac{\boldsymbol{R}\times\mathrm{d}\boldsymbol{l}}{|\boldsymbol{R}|^3} \tag{5.11}$$

$$\phi_{\mathrm{ind}} = \int_{(0,0,\infty)}^{p}\nabla\phi_i\cdot\boldsymbol{e}_z\,\mathrm{d}R_z = \frac{\Gamma}{4\pi}\oint_C\left(\frac{R_z}{|\boldsymbol{R}|}\pm1\right)\frac{1}{R_r^2}\boldsymbol{e}_z\cdot(\boldsymbol{R}\times\mathrm{d}\boldsymbol{l}) \tag{5.12}$$

式中，Γ 为涡环环量；C 为涡环边界；p 为气泡表面任意一点。当气泡表面各点处的诱导速度势求出后，包括涡环 1 引起的 ϕ_{ind1} 和涡环 2 引起的 ϕ_{ind2}，剩余速度势可求，满足 $\phi_{\mathrm{res}}=\phi-\phi_{\mathrm{ind1}}-\phi_{\mathrm{ind2}}$，再利用式（5.1）计算气泡表面各点的剩余速度 u_{res}，最终求出各点运动速度，$\boldsymbol{u}=\boldsymbol{u}_{\mathrm{res}}+\boldsymbol{u}_{\mathrm{ind1}}+\boldsymbol{u}_{\mathrm{ind2}}$。当气泡表面各点运动速度 $\boldsymbol{u}$ 已知后，即可更新气泡表面，对上述问题进行迭代求解。

5.3 双气枪相干

组合气枪震源是目前国际上使用最为广泛的一种海上探测源，而相干枪的使用是其中一种比较常见的搭配方式，相干枪的合理使用可以有效地压制远场压力子波气泡脉冲，本节基于边界元法建立了相干枪气泡脉动模型，对相干枪的最佳相干距离进行了分析。图 5.7（a）、（b）、（c）、（d）描述了不同气泡间距下的气泡脉动情况，两气泡的初始条件同 4.2.5 节（图 4.2）一致，当气泡间距 d 较小时（如 $d=0.5$ m），随着气泡膨胀，两气泡相距较近的一侧表面逐渐扁平化，并形成了薄薄的一层水膜，随着气泡相互靠近，水膜变得越来越薄，当其厚度低于最小网格长度的 0.02 的时候，通过简单的气泡拓扑结构处理，我们将两个气泡融合成一个（$t=50.62$ ms）[119-120]，融合后新形成的气泡将继续脉动，坍塌阶段气泡内部形成两反向的水射流，两射流相撞后气泡撕裂成左右两部分（$t=143.25$ ms），此后气泡将继续坍塌，并且在 $t=157.42$ ms 气泡体积达到最小。

两气泡间距 d 增加到 1.0 m 的气泡脉动形态如图 5.7（b）所示，当气泡膨胀至最大体积时刻（$t=71.96$ ms），虽然扁平的气泡表面间存在薄薄的水层，但水层厚度仍然大于融合的临界厚度，并没有发生融合现象。在气泡坍塌阶段的后期，两气泡内部各形成一个水射流，上气泡射流朝下，下气泡射流朝上，射流穿出气泡表面后（$t=141.56$ ms），两气泡都从单连通变成双连通，后续的多环形气泡运动的模拟采用了 Zhang 等[116]提出的多涡环模型。随着气泡间距进一步增大，如图 5.7（c）和（d）所示，在坍塌后期气泡射流穿出的位置，气泡表面形成了明显的突出物。

图 5.8 对比了不同间距下的气泡体积和远场压力子波时历变化曲线，远场测点位于气泡下方 9000 m 水深处，随着气泡间距增大，气泡周期和气泡体积都相对减小，这主要是由于两气泡中的每一个气泡都要受到另一个气泡脉动引起的流场

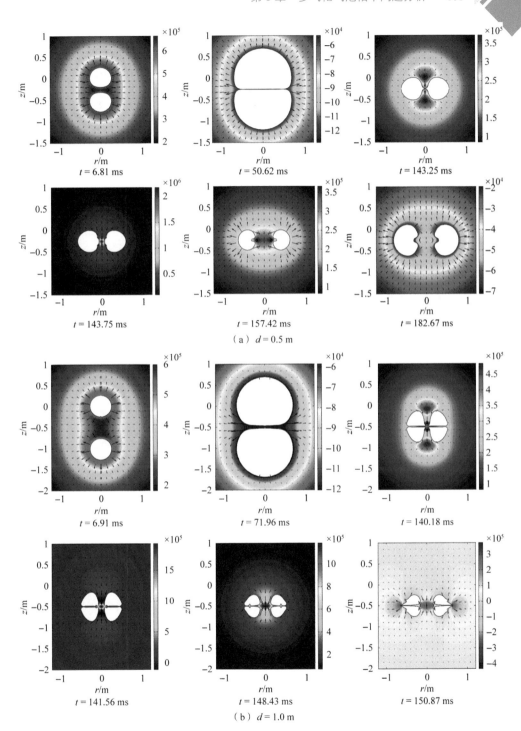

（a）$d = 0.5$ m

（b）$d = 1.0$ m

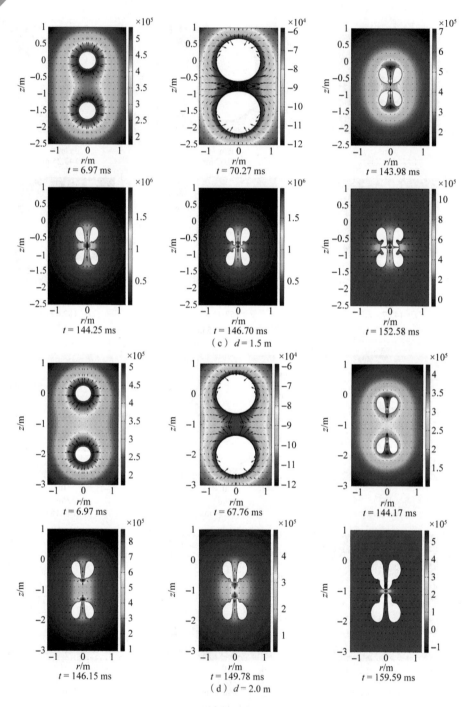

图 5.7 不计浮力的不同间距下两气枪气泡运动情况[76]

右侧色图刻度表示流场压力大小，单位为 Pa

压力变化的影响，而当两气泡间距较小时，气泡脉动阻力较大，气泡脉动周期可以延迟更长时间。从图 5.8（b）来看，气泡脉冲大小随间距 d 的变化并不是一个单调函数，随着 d 增大，气泡脉冲先增大后减小，也就是说存在一个临界值 d，使得远场压力子波气泡脉冲达到最大值。

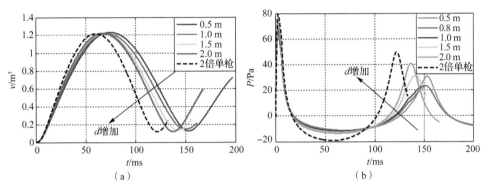

（a）　　　　　　　　　　　　（b）

图 5.8　不同间距下相干气泡相互作用的体积和远场压力对比[76]

为找到两气泡间的最佳相干距离，我们对不同间距下气枪远场压力子波的主脉冲、初泡比和气泡周期进行了无量纲统计分析，如图 5.9 所示，曲线的横坐标为 d/R_{max}，其中 R_{max} 是气泡最大半径，约为 0.66 m（图 4.3），曲线的纵坐标为无量纲的主脉冲、初泡比以及气泡周期，无量纲的特征参量取自单枪远场压力子波的 2 倍（图 4.3），分别为 79.69 bar·m、1.59 和 121.8 ms。随着无量纲距离的增大（d/R_{max}），主脉冲逐渐增加到 1，而气泡周期逐渐减小到 1，初泡比呈现先增大后减小的趋势，在无量纲距离约为 1.6 的时候，气泡脉冲似乎存在着最大值。根据施工经验，气枪布置多采用 2.4 倍的最大气泡半径作为最佳相干距离[29]，这可能出于对主脉冲的保护，而且当 d/R_{max} 等于 2.4 时，相应的初泡比也不是很小，也能起到较好的气泡脉冲压制效果。

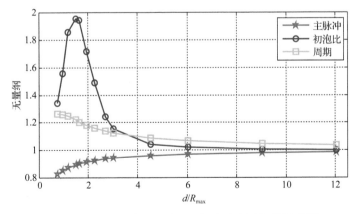

图 5.9　相干枪距离对主脉冲、初泡比和周期的影响[76]

纵坐标为基于两倍单枪压力子波的无量纲化数值

5.4 水平布置三气泡

图 5.10 描述了不同近距离下的三个气枪气泡的相互作用，图中各工况下相邻气枪气泡间距分别为 0.50 m、0.75 m 和 1.00 m，气枪初始容积 V_{gun} 为 300 in³，气枪初始内压 P_{gun} 为 2000 psi，气泡周围水的初始温度为常温（约 293 K），水上方的大气压强为 1 个标准大气压（约 10^5 Pa），气枪初始沉放深度设为 5 m，根据第 2 章气枪初始条件的计算，对应的气枪充气时间 $\tau = 5.89$ ms，气枪的放气效率 $\eta = 73.22\%$，计算发现自由场单气泡最大半径 R_m 约为 0.66 m。基于边界元法的基本原理，初始气泡被离散成三角形单元结构，共有节点数 642 个、单数 1280 个，通过对比不同单元数离散模型的计算结果发现，当单元数达到 1280 个，气泡脉动的整体形态差别不大，基本保证了计算精度的要求。

当任意相邻两气枪气泡间距为 0.50 m 时（无量纲距离 γ 约为 0.76），膨胀初期相邻气泡间彼此相互排斥，中间气泡在左右两侧气泡排斥力的作用下，左右两侧壁面变得很扁平，同时，左气泡的右侧壁面和右气泡的左侧壁面在中间气泡作用下也同样变得扁平化（$t = 5.47$ ms），随着气泡膨胀，相邻气泡间距逐渐减小，最后发生融合，融合后形成的新气泡将继续膨胀，直至气泡体积达到最大，然后气泡开始坍塌，此时气泡类似一个椭球形，坍塌过程中气泡左右两端各形成了一个高压区，在高压驱动下，气泡左右两端明显具有更快的收缩速度，两端气泡壁面逐渐内凹，形成了指向气泡中心的对向射流，为方便气泡射流的观察，坍塌阶段的气泡图像为纵向剖面示意图，随着气泡的继续坍塌，气泡内部射流逐渐靠近，$t = 144.61$ ms 气泡上下两端逐渐收缩成了如图 5.10（a）所示的方形结构，$t = 32.06$ ms 气泡两端对向射流在气泡中心发生碰撞，后续气泡将变成双联通结构，气泡表面速度势将不再是空间中的单值函数[105,189]。

当相邻气泡间距增加到 0.75 m 时（无量纲距离 γ 约为 1.14），三个气泡脉动情况如图 5.10（b）所示，膨胀过程中的气泡形态变化同工况（气泡间距 0.50 m）基本一致，但气泡融合发生的时间更为滞后，融合后的新气泡类似一个拉长的椭球形，气泡左右两端较竖直方向具有更大的膨胀速度，气泡在水平方向逐渐被拉长，气泡内压不断降低，气泡达到最大体积时，流场高压从气泡周边转移到理论无穷远。气泡坍塌阶段，高压区逐渐回落到气泡周围，尤其是气泡左右两端具有明显更大的压力值，致使气泡左右两端壁面具有更大收缩速度，坍塌后期气泡形成高速水射流，但较上一工况（气泡间距 0.50 m），气泡中心线附近壁面内凹，形成了如 $t = 142.42$ ms 所示的葫芦形，射流在气泡内部逐渐靠近，最终在气泡中心线附近发生碰撞。

当相邻气泡间距进一步增大到 1.00 m 时（无量纲距离 γ 约为 1.51），如图 5.10（c）所示，融合发生在气泡坍塌阶段（$t = 114.17$ ms），融合后的气泡明显分成了三段，但随着气泡的继续坍塌，气泡表面再次逐渐光滑，随后气泡再次变成了葫芦形，但不同的是，较距离为 0.75 m 的工况，葫芦的中部长度更大，坍塌阶段气泡内部形成了对向射流，但气泡中心线处上下表面也伴随着气泡坍塌快速靠近，在对向射流发生碰撞前，气泡中部变得极细，在 $t = 162.13$ ms 左右，靠近的气泡上下壁面即将从气泡中部撕裂。

图 5.11 描述了相邻气泡间距更大的气泡脉动情况，对应的气泡间距分别为 1.25 m（无量纲距离 γ 约为 1.89）、1.50 m（无量纲距离 γ 约为 2.27）和 1.75 m（无量纲距离 γ 约为 2.65），其他初始条件同图 5.10 基本保持一致。由于相邻气泡间距较大，在整个气泡膨胀过程中，气泡间并不接触基本保持独立完整形态，但各气泡间的脉动并不是彼此独立的，每个气泡的脉动都处于所有气泡共同造成的压力场中，各气泡间的相互影响即通过对流场压力来传递的，流场压力的改变直接导致了气泡内外压差发生变化，从而影响了各气泡的运动情况。膨胀阶段左气泡的右侧壁面受到其他两个气泡排斥，由于压力传播随距离不断衰减，所以相比于左侧气泡壁面，右侧壁面处流场压力更大，从而使得左气泡右侧壁面被逐渐压扁，右气泡的左侧壁面与之同理，不同的是中间气泡，左右两侧受到同样大小的高压阻碍，使得其左右两侧都被压扁。

在气泡坍塌阶段，气泡间彼此相互吸引，左右两侧气泡逐渐向中间气泡收缩，由于坍塌过程中，在左气泡左侧和右气泡右侧流场各形成了一个高压驻点，高压驻点加速了气泡与驻点间的水的流动，使得两侧气泡内凹形成了对向高速水射流，即左气泡形成了右射流、右气泡形成了左射流，而中间气泡收缩过程同时受到左右两侧气泡的吸引，左右两侧收缩速度明显小于竖直方向，使得气泡沿水平方向被拉长，同时中气泡上下表面内凹，形成了竖直方向的水射流。当相邻气泡间距为 1.25 m 时，左右两侧气泡内部射流要先于中气泡穿透气泡壁面，形成了如图 5.11（a）中 159.55 ms 时所示的气泡形态结构，中气泡由圆台形变成柱形、葫芦形，而当相邻气泡间距为 1.50 m 时，中气泡射流首先穿透气泡表面。

图 5.12 为不同间距下的三个水平气枪气泡引起的远场压力变化，远场测点位于气泡下方 9000 m 水深处，为方便对比，图中加入了相同条件下的 3 倍单枪激发引起的压力子波，以及距离为 0.8 m 的 1.5 倍双枪相干的压力子波。从三枪相干引起的压力曲线来看，随着气泡间距减小，气泡脉动周期逐渐增大、压力子波主脉冲逐渐减小、气泡脉冲呈现先减小后增大的趋势，同双枪相干问题一样，气泡脉冲似乎在 1.0 m 左右存在一个极小值，而图中部分工况曲线的气泡脉冲并没有算出来，是由于气泡脉动过程中复杂的撕裂现象造成的计算终止。相比于各工况下的三枪相干压力曲线，三倍的单枪远场压力子波具有更大的主脉冲和气泡脉冲，但气泡脉动周期要小很多。相比于间距大于 1.25 m 的三枪引起的压力，1.5 倍的双枪远场压力曲线（间距 0.8 m）主脉冲要小，而相比于间距小于 1.25 m 的三枪引起的压力主脉冲要大，双枪气泡对主脉冲压制效果同三枪相差不大，只是三枪相干时的气泡脉动具有更大的周期。综上所述，三枪相干可以起到很好的气泡脉冲压制效果。

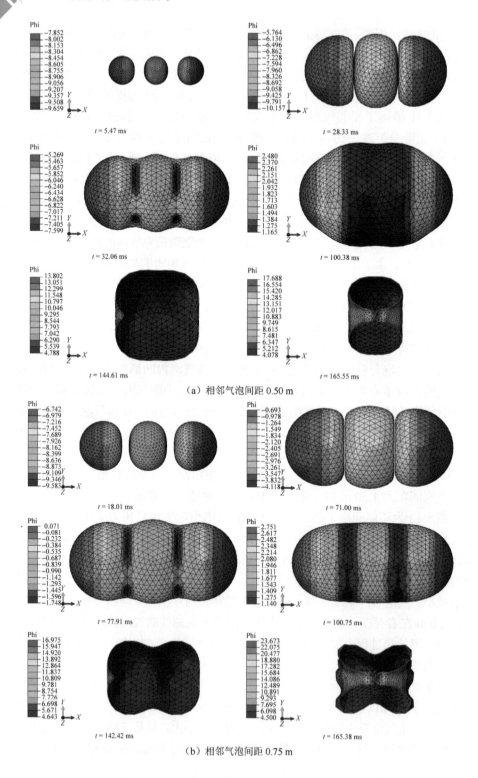

（a）相邻气泡间距 0.50 m

（b）相邻气泡间距 0.75 m

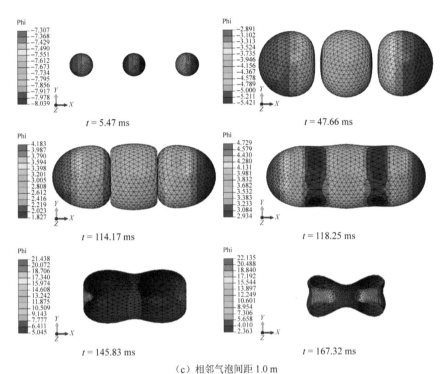

（c）相邻气泡间距 1.0 m

图 5.10　不同近距离下的三个气枪气泡脉动及融合

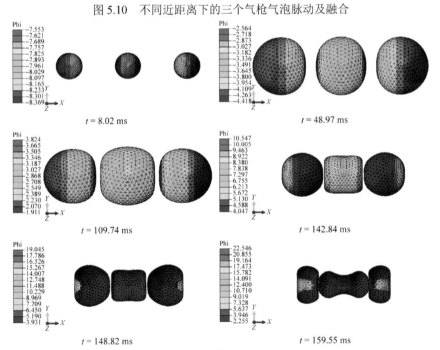

（a）相邻气泡间距 1.25 m

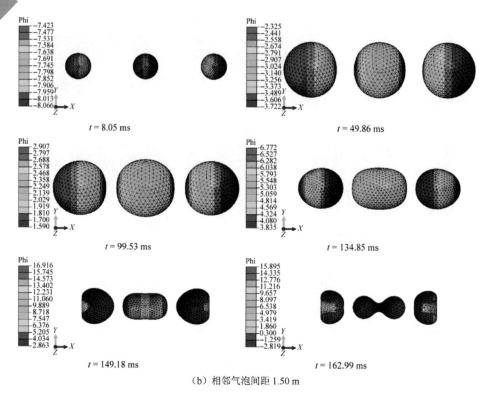

（b）相邻气泡间距 1.50 m

图 5.11　不同距离下的三个气枪气泡脉动

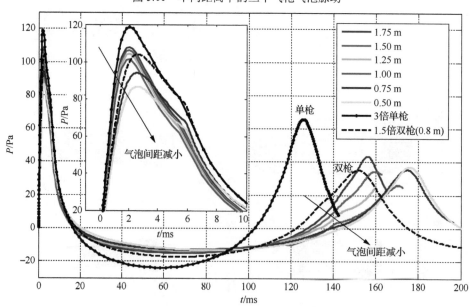

图 5.12　不同间距下三个水平排布气枪气泡引起的远场压力变化（测点距气泡中心 9000 m）

5.5　水平布置四气泡

图 5.13 描述了四个水平排布间距为 0.5 m 的气枪气泡运动情况，初始气泡内压远大于周围流场，并在内部高压气体的驱使下，四个小气泡周围的水快速向外运动，随着气泡的膨胀，各小气泡不断靠近，在 t = 42.80 ms 时，气泡间剩余一层薄薄的水膜，当水膜厚度小于临界厚度时，气泡发生融合，融合后气泡网格拓扑结构如 t = 52.49 ms 所示。气泡体积达到最大后开始坍塌，坍塌过程中逐渐在气泡水平两端形成了两个明显的高压驻点（t = 149.25 ms），使得高压驻点与气泡间的水得到了加速，在气泡内部形成了对向射流，并在 t = 171.27 ms 两射流在气泡中心线附近发生碰撞，击穿后的气泡变成环形，为了模拟后续的气泡坍塌过程，计算中引入了单涡环模型。

当气泡间距增加到 0.75 m 后，气泡的融合发生时间更晚（t = 82.20 ms），而且融合时气泡间的水膜并没有弯曲，融合后气泡继续膨胀，如图 5.14 中 t = 99.56 ms 所示，直至气泡体积达到最大，坍塌初期的气泡较工况（气泡间距 0.5 m）具有更大的长度，并且气泡在形态上明显分成了波浪形的三段，高压区的形成依然在气泡两端（t = 149.55 ms），气泡内凹形成水射流的过程中，竖直中心线附近气泡表面始终向外隆起，在 t = 168.24 ms 气泡被击穿，由单联通变成双联通，击穿后的气泡将继续坍塌，并在环形气泡中心形成了一个新的高压驻点，高压驱使下环形气泡内表面逐渐内凹（t = 167.88 ms）。

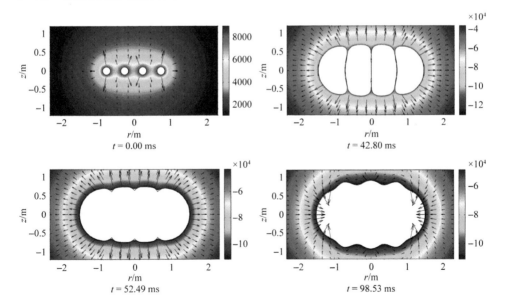

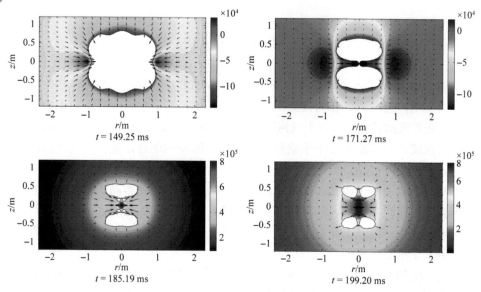

图 5.13　气枪气泡间距为 0.50 m 的运动情况

色图刻度表示流场压力大小，单位为 Pa

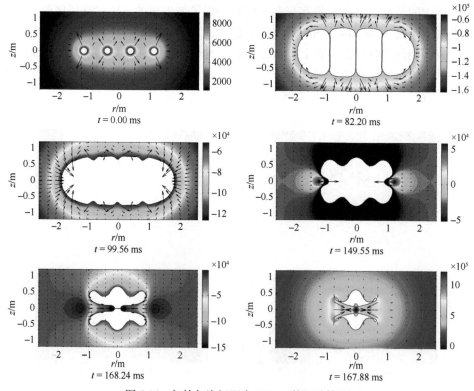

图 5.14　气枪气泡间距为 0.75 m 的运动情况

色图刻度表示流场压力大小，单位为 Pa

图 5.15 中气泡间距进一步增大到 1.00 m，气泡的融合发生在气泡坍塌的过程中，如 $t = 124.42$ ms 和 $t = 126.12$ ms 所示，融合后的气泡具有更大的水平长度，随着气泡坍塌在气泡两端形成了同上一个工况（气泡间距 0.75 m）相似的高压区，虽然气泡两端内凹形成对向射流，但两射流并未到达气泡中心时，气泡就已经发生了撕裂（$t = 167.88$ ms），在射流逐步靠近气泡中心时，波浪形的气泡上下表面在波谷处也逐步内凹，并在水平方向射流未发生碰撞之前，就与水平射流发生了接触，使得气泡在水平方向上撕裂成了三部分。

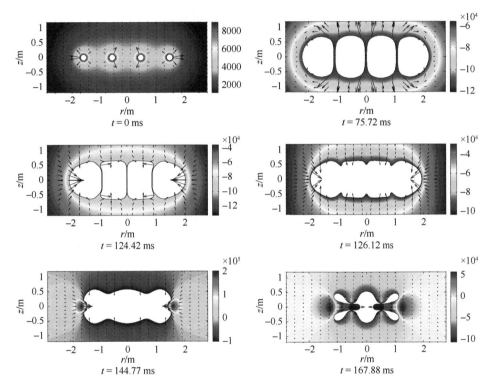

图 5.15　气枪气泡间距为 1.00 m 的运动情况
色图刻度表示流场压力大小，单位为 Pa

当间距增大到 1.25 m 时，如图 5.16 所示，气泡膨胀过程中始终保持独立，但由于各气泡间的彼此排斥，使得相邻气泡的接触面逐渐扁平化（$t = 41.60 \sim 121.73$ ms），坍塌阶段中间两气泡中心虽然靠得很近，但始终未达到设定的厚度临界值，反而中间两气泡与最外端两气泡之间发生了融合，融合发生时高压区已在气泡两端形成，同工况（气泡间距 1.00 m）一样，融合后新形成的两个气泡内部射流并未在水平方向上击穿气泡，而是先与竖直方向上内凹的气泡发生碰撞（$t = 157.45$ ms）。

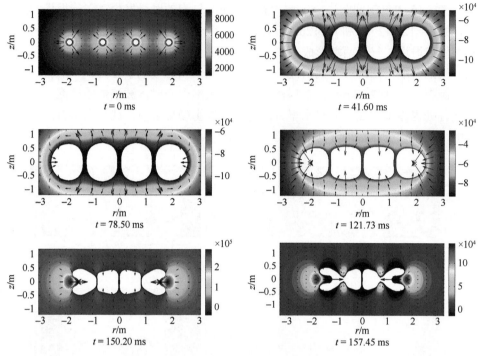

图 5.16 气枪气泡间距为 1.25 m 的运动情况

色图刻度表示流场压力大小，单位为 Pa

图 5.17 为距离 1.50 m 时的水平排布四气枪气泡的运动，各气泡在脉动过程中始终保持独立，在膨胀和坍塌过程中，气泡间都未发生任何融合。膨胀时气泡间彼此排斥，相邻气泡表面被压扁（$t = 79.42$ ms），坍塌阶段中间两气泡在外侧两气泡的吸引下逐渐被拉长，而外侧两气泡受其他气泡吸引形成了对向射流（$t = 150.30 \sim 160.00$ ms），

图 5.18 为不同间距下的四个水平气枪气泡引起的远场压力变化，远场测点位于气泡下方 9000 m 水深处，为方便对比，图中加入了相同条件下的 4 倍单枪激发引起的压力子波，以及距离为 0.8 m 的 2 倍双枪相干的压力子波，以及间距为 1 m 的 4/3 倍三枪相干压力子波。从四枪相干引起的压力曲线来看，随着气泡间距减小，气泡脉动周期逐渐增大、压力子波主脉冲逐渐减小，由于气泡脉动过程中复杂的撕裂现象，图 5.18 中部分工况曲线的气泡脉冲部分缺失。四倍的单枪远场压力子波相比于各工况下的三枪相干压力曲线，具有更大主脉冲和气泡脉冲，但气泡脉动周期要小很多。2 倍双枪远场压力曲线（间距 0.8 m）相比四枪相干，具有较大的压力主脉冲和气泡脉冲。四枪相干同样具有较好的气泡脉冲压制效果，且具有更大的气泡周期，但单从气泡脉冲压制效果上来看，似乎四个水平气枪气泡相干和三个水平气枪气泡相干相差不大。

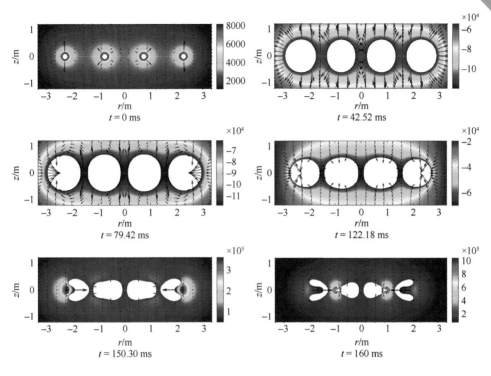

图 5.17　气枪气泡间距为 1.50 m 的运动情况

色图刻度表示流场压力大小，单位为 Pa

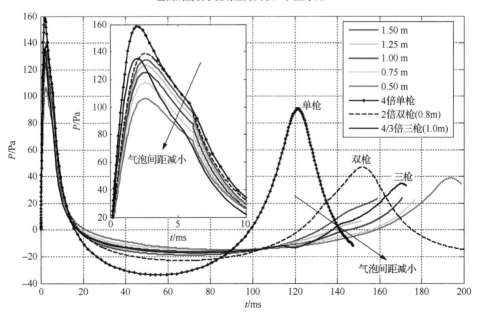

图 5.18　不同间距下四个水平排布气枪气泡引起的远场压力变化（测点距气泡中心 9000 m）

5.6 环形布置三气泡

气枪呈环形布置的三气泡脉动情况如图 5.19 所示，初始各气泡在同一水平高度上（5 m 水深处），对应的气泡中心间距分别为 1.50 m，气枪初始容积 V_{gun} 和压力 P_{gun} 分别为 300 in^3 和 2000 psi，气泡放气速率 τ、放气效率 η、初始半径 R_0 以及初始压力 P_0 等均保持同 5.4 节相同。随着气泡的膨胀，气泡相互排斥，正对的相邻气泡表面逐渐变得扁平，而距离其他气泡较远的气泡表面膨胀过程中受到的阻力相对较小，节点的运动速度较高，使得相应的气泡表面被略微拉长；坍塌阶段，气泡内部形成了明显水射流，各射流均指向初始三气泡所围成的图形中心，伴随气泡坍塌，射流在气泡内部快速运动，并最终从气泡表面穿出。当气泡间距减小到 1.20 m 时（图 5.20），气泡的脉动规律基本相同，只是气泡形态略有差别，而且坍塌过程中气泡间距变得更近，坍塌末期，相邻气泡间仅剩一层薄薄的水膜。

环形布置的三气枪气泡引起的远场压力变化如图 5.21 所示，由于气泡被击穿时计算终止，使得气泡脉冲阶段的压力曲线缺失，从主脉冲来看，环形布置或水平布置影响其实并不大，只是环形布置会使得气泡周围更长。相比于距离 0.8 m 的双枪压力曲线，主脉冲差别不大、气泡脉动周期变大。

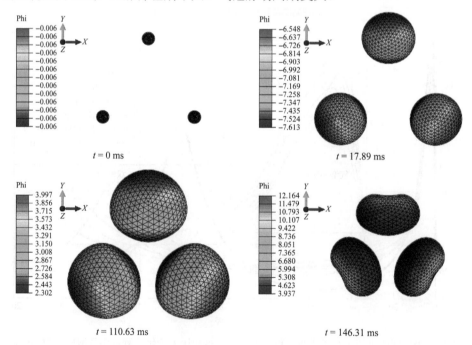

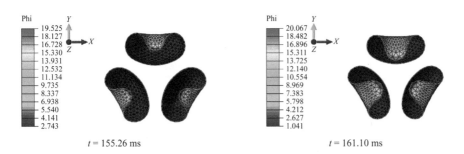

图 5.19　气枪气泡间距为 1.50 m 的三气泡运动

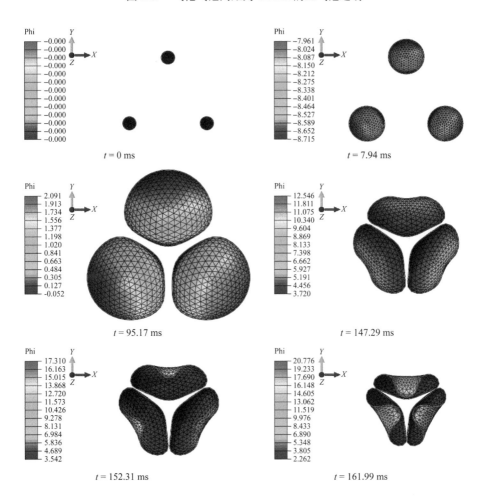

图 5.20　气枪气泡间距为 1.20 m 的三气泡运动

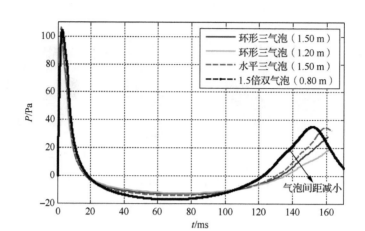

图 5.21　环形三气泡引起的远场压力变化（测点距气泡中心 9000 m）

5.7　环形布置四气泡

图 5.22 描述了四个环形布置气枪气泡的脉动情况，相邻气泡间距为 1.50 m，各单枪对应的初始条件均与 5.4 节一致。气泡的脉动关于四气泡所围成的中心点对称，由于气泡膨胀过程中彼此排斥，远离中心点的各气泡表面具有较高的运动速度，同时相邻气泡表面被略微压扁，在时间 $t = 95.87$ ms 时气泡体积膨胀至最大。坍塌过程中各气泡逐渐向中心点靠拢，远离中心点的各气泡表面逐渐内凹（$t = 152.87$ ms），形成了四个明显的高速水射流，各射流均由各气泡中心指向四气泡所围成的中心点，在 $t = 165.29$ ms，距中心点较近的气泡表面被射流击穿。图 5.23 对应四气泡初始间距减小到 1.20 m 的工况，由于气泡间距减小，气泡相互影响变得更为明显，膨胀末期的相邻气泡间的气泡表面变得更为扁平（$t = 93.76$ ms），坍塌末期气泡距离中心点更近。

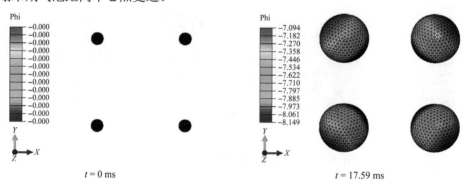

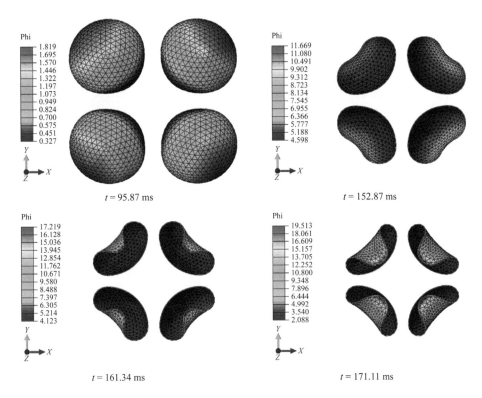

图 5.22　气枪气泡间距为 1.50 m 的四气泡运动

　　图 5.24 为环形布置的四气枪气泡脉动的远场压力变化，同 5.6 节的三气泡问题一样，由于气泡被击穿，气泡脉冲并没有计算出来。当气泡间距从 1.50 m 减到 1.20 m 的过程中，压力曲线主脉冲并无明显变化，相比于水平布置的三气泡压力曲线，四气泡环形布置具有更大的周期。

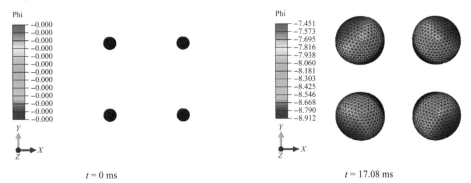

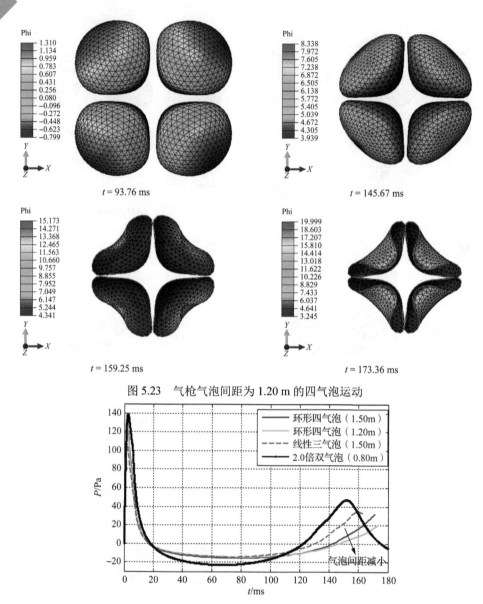

$t = 93.76$ ms

$t = 145.67$ ms

$t = 159.25$ ms

$t = 173.36$ ms

图 5.23 气枪气泡间距为 1.20 m 的四气泡运动

图 5.24 环形四气泡引起的远场压力变化（测点距气泡中心 9000 m）

5.8 气枪阵列气泡群

工程上为获得低频高能的压力波信号，多使用气枪阵列的形式进行海底勘探，多枪同时或延时激发会在流场中形成脉动的气泡群。目前多数研究工作集中于研究单个气泡的动力学特性，气枪阵列形成的气泡群物理现象相比于单个气泡具有明显不同，气泡之间的非线性相互作用使得气泡群的动力学行为变得异常复杂，在公开发表的文献中关于气泡群融合以及破碎的研究较少。为此，基于边界元方法，建立了计入气泡耦合效应的多气泡动力学模型，开发了气枪气泡群运动模拟程序，作为模块已融入自主开发的 FSLAB 软件中，如图 5.25 所示。

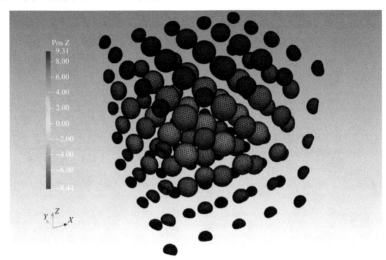

图 5.25　高压气枪阵列气泡群模拟软件

图 5.26 描述了平面环形分布的气泡群运动形态，平面气枪阵列是工程中最传统的分布形式之一[98]，图中 19 个气泡被放置在同一水平面上，两个气泡环均匀分布在一个中心附近，各环相邻气泡间距均为 1.5 m，我们把气泡由外到里分成 3 组，最外层的气泡被称为"外气泡"，内圈中的气泡被称为"内气泡"，最里面的气泡被称为"中心气泡"，内环与外环间距也为 1.5 m。气枪初始容积 V_{gun} 和压力 P_{gun} 分别为 300 in^3 和 2000 psi，气泡膨胀过程基本保持球形，在气泡坍塌阶段，外层 12 个气泡坍塌速度明显快于内层气泡（如 $t = 154.88$ ms 所示），受外气泡影响，内气泡和中心气泡发展较慢，在 $t = 231.60$ ms，外环各气泡内部形成指向环心的明显射流，而内环气泡射流只是初步成形，中心气泡内部并无射流形成。

图 5.27 描述了一个 3×3×3 立体气泡群的运动形态，计算条件同图 5.26 基本相同，相邻气泡间距均为 1.5 m，膨胀过程气泡间彼此排斥，相邻气泡的相对壁面略微扁平，气泡略微非球形。在气泡坍塌阶段，内层气泡脉动受到最外层气泡的影响坍塌缓慢，在 $t = 162.27$ ms 时刻，外层气泡背向中心气泡壁面形成了明显的高压区，在高压水流的驱使下气泡获得了较大的坍塌速度，使得气泡最外层壁面逐渐扁平，随着气泡继续坍塌，气泡内部形成了如 $t = 242.19$ ms 时刻所示的指向中心气泡的高速水射流，而中心气泡由于受到周围气泡的影响，基本保持球形不变。4×4×4 的气泡群运动形态如图 5.28 所示，气泡运动规律同 3×3×3 的立体气泡群基本保持一致。

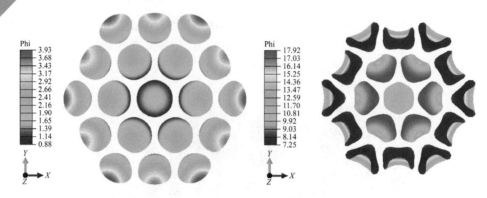

图 5.26　平面环形分布气泡群运动形态

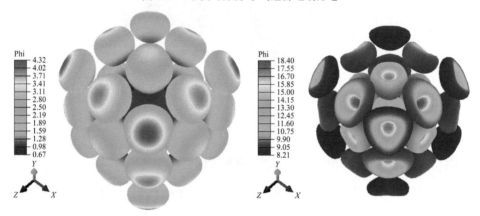

图 5.27　3×3×3 立体气泡群运动形态

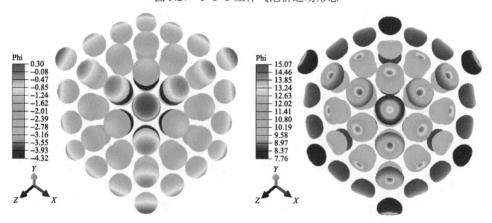

图 5.28　4×4×4 立体气泡群运动形态

5.9　本　章　小　结

本章基于边界积分法,对多气枪气泡相互作用问题进行了分析,对于气泡脉动过程中出现的撕裂和融合问题,本章采取了拓扑网格结构处理技术,并成功地完成了气泡形态和远场压力子波的模拟。为找到气泡的最佳相干距离,使得气泡脉冲得到最大限度的压制,本章对不同间距下气枪远场压力子波的主脉冲、初泡比和气泡周期进行了统计分析,并得到了以下结论:

(1)对于双气枪气泡相干,随着无量纲气泡间距的增大($d/R_{\max}$),主脉冲逐渐增加到 1,而气泡周期逐渐减小到 1,初泡比呈现先增大后减小的趋势,在无量纲距离约为 1.6 的时候,初泡比似乎存在着最大值。根据施工经验,气枪布置多采用 2.4 倍的最大气泡半径作为最佳相干距离,这可能出于对主脉冲的保护。

(2)通过对比不同距离下的三个水平排布气枪气泡的远场压力子波曲线,发现气泡脉冲在 1.5 倍单枪气泡半径左右存在一个极小值,此时气泡脉冲得到了较好的压制效果,各气泡正好处于融合的临界距离附近,相比于双枪相干气泡周期明显延长。

(3)通过对比不同距离下四个水平排布气枪气泡的远场压力子波曲线,发现随着气泡间距减小,气泡脉动周期逐渐增大、而压力主脉冲逐渐减小,相比于双枪和三枪相干,气泡周期明显延长。

第6章 气泡与气枪枪体相互作用的精细化数值模拟

6.1 引　言

由 Langhammer 等[12]和 Graaf 等[178-179]的实验可知,在气枪枪体边界的影响下,气枪气泡通常并非球形,如四开口的 Bolt 枪、G 枪等激发产生的花瓣形气泡,环形开口的 Sleeve 枪等激发产生的环形气泡。由于单枪气泡脉动的复杂性,包括融合、破碎、射流等复杂的非线性物理过程,使得枪体影响下的气枪气泡脉动模拟较为困难,常用的边界积分法和球形气泡动力学理论并不适合,气泡的融合、破碎可能会导致边界元网格的扭曲与交叉,使得结果发散、计算提前终止,而球形气泡理论主要用于远场压力子波的模拟,难以模拟近场气枪气泡动力学行为。为精细化地模拟气泡与气枪枪体间的相互作用,本章基于可压缩流体力学理论,采用欧拉有限元法和有限体积法,建立了气泡与枪体耦合作用轴对称模型,对不同枪体长度、开口高度、开口位置下的环形开口气枪气泡脉动特性进行了探索,建立了计入复杂枪体结构影响下的三维气枪气泡有限体积模型,对四开口气枪气泡的脉动特性进行了研究,旨在为气枪的设计及优化提供数值参考。

6.2　枪体长度影响分析

6.2.1　欧拉有限元法

本节通过自主开发的欧拉有限元法的多相流求解器[140,198],作为模块已融入自主开发的 FSLAB 软件中,对流场中气泡与枪体相互作用的影响进行了精细化地模拟。欧拉有限元法[199-200]是利用算子分裂的原理,通过耦合欧拉-拉格朗日的思想对问题进行离散求解,其在求解瞬态冲击等大变形问题上具有明显优势。本节主要分析无限流场中气枪高度对流体运动特性的影响,建立如图 6.1 所示的轴对称物理模型。该模型枪体外直径 0.20 m,充满气体的气室内高 0.66 m、内直径 0.10 m,气枪开口高度为 0.06 m，初始气泡内压为 5 MPa，计算域的长和宽均为 2.0 m，计算边界为无反射边界，各单元均为 0.004 m 方形网格。

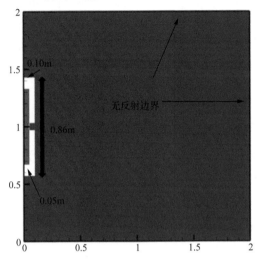

图 6.1　欧拉有限元法模拟气枪物理模型图

上述高压气枪气泡的欧拉有限元模型[140,198]的控制方程为

$$\begin{cases} \dfrac{\partial \rho}{\partial t} + \nabla \cdot (\rho \boldsymbol{u}) = 0 \\[2mm] \dfrac{\partial \rho \mathrm{u}}{\partial t} + \nabla \cdot (\rho \boldsymbol{uu}) = \nabla p - \rho g \\[2mm] \dfrac{\partial \rho e_{\mathrm{in}}}{\partial t} + \nabla \cdot (\rho e_{\mathrm{in}} \boldsymbol{u}) = -p \nabla \cdot \boldsymbol{u} \end{cases} \tag{6.1}$$

上式分别为质量方程、动量方程和能量方程。式中，ρ 为流体单元密度；$\boldsymbol{u}$ 为流体单元速度；e_{in} 为流体单元能量；p 和 g 分别为压力和重力加速度；t 为时间参数。一般来说，欧拉方程的运动和能量方程可以用统一的形式进行描述，即

$$\frac{\partial \varphi}{\partial t} + \varphi \nabla \cdot \boldsymbol{u} + \boldsymbol{u} \cdot \nabla \varphi = S \tag{6.2}$$

式中，φ 为流函数，流函数可以表示各种物理变量；S 为有源项。上式可以通过算子分离方式进行拉格朗日计算步和欧拉计算步的求解。在拉格朗日计算步中，动量方程可以通过下式离散求解，即

$$\iint_{\Omega} (p \nabla \psi + \rho g \psi) \, \mathrm{d}s - \int_{\Gamma} p \psi \boldsymbol{n} \mathrm{d}l = \iint_{\Omega} \rho \frac{\mathrm{d}\boldsymbol{u}}{\mathrm{d}t} \psi \mathrm{d}s \tag{6.3}$$

式中，ψ 为形函数。根据上式我们可以获得流体单元的受力，进而通过显式积分得到速度、位置等变量，即

$$\boldsymbol{u}^{(n+\frac{1}{2})} = \boldsymbol{u}^{(n-\frac{1}{2})} + \boldsymbol{a}^{(n)} \delta t \tag{6.4}$$

$$x^{(n+1)} = x^{(n)} + u^{(n+\frac{1}{2})}\delta t \qquad (6.5)$$

新的变量在欧拉计算步中进一步被更新。欧拉计算步其实就是基于拉格朗日形式下的单元和空间固定单元之间的相关运动，计算两个相邻元素之间的物理量输运量。这个输运过程也可以理解为将计算节点拉回到原始计算节点的过程。通过 VOF 方法，欧拉有限模型实现了对流项的求解。为了提高计算的稳定性，该模型采用动态时间步长的方式，即

$$\Delta t = \text{CFL}\left[\min(\frac{L_e}{C_e}, \left|\frac{\partial \rho}{\partial t}\right|^{-1})\right]^{\min} \qquad (6.6)$$

式中，L_e 为单元的边长；C_e 为单元内的声速；CFL 表示收敛条件判断数，是一个小于 1 的常数；最后的上标 min 表示计算域内所有单元的最小值。另外，数值模型中流体的状态方程为泰勒方程。

6.2.2 较小气枪长度

图 6.2 描述了枪体长度为 0.86 m 的气枪气泡运动，初始高压气体从气枪气室快速喷出，气泡体积增大、内压减小。当 $t = 15$ ms 时，气泡水平方向较为平滑，气泡两侧看上去有点像半球形；当 $t = 57$ ms 时，气泡体积达到最大，但气泡内压远小于周围流场压力，气泡即将开始坍塌。坍塌阶段，在浮力作用下，气泡内部形成了向上的偏射流（$t = 117$ ms），射流在气枪内部竖直中心线附近发生碰撞，使得气泡撕裂成上下两部分，气泡继续坍塌，直至体积达到最小，气泡开始回弹，回弹过程中上下两个气泡发生明显地快速迁移，使得上气泡高度很快超过了枪体上端。

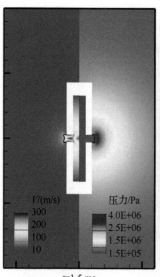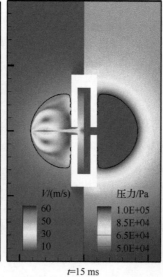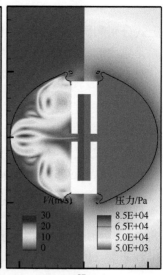

t=1.5 ms　　　　t=15 ms　　　　t=57 ms

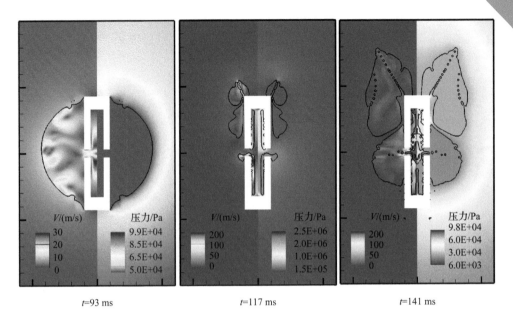

t=93 ms　　　　　　　　　　t=117 ms　　　　　　　　　　t=141 ms

图 6.2　气枪枪体长度为 0.86 m 的气枪气泡运动

6.2.3　较大气枪长度

当气枪的枪体高度增加到 1.26 m 时，如图 6.3 所示，气泡的膨胀和收缩过程与上一工况（$L = 0.86$ m）基本相同，只是对撕裂后形成的上气泡的脉动有些影响（$t = 121$ ms），回弹后上气泡快速向上迁移，但并未超出气枪枪体长度太多，而是始终围绕在枪体周围脉动（$t = 121{\sim}135$ ms），而且上气泡的表面相对光滑一些，并没有出现那么多的褶皱。

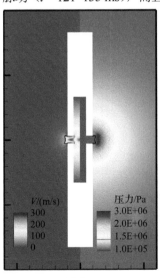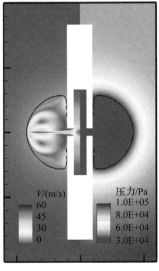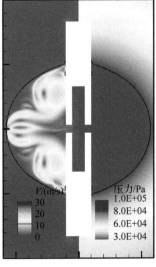

t=1.5 ms　　　　　　　　　　t=15 ms　　　　　　　　　　t=58 ms

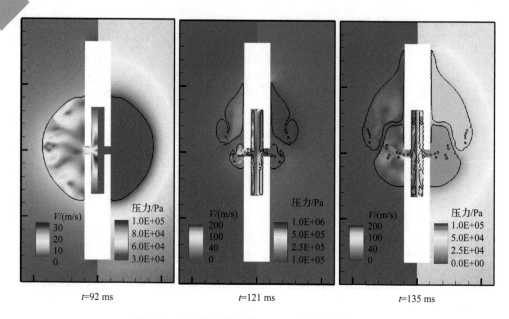

t=92 ms　　　　　t=121 ms　　　　　t=135 ms

图 6.3　气枪枪体长度为 1.26 m 的气枪气泡运动

6.2.4　定量分析

　　图 6.4 描述了不同枪体长度下的气枪出气口处压力随时间的变化,图 6.5 为气枪气泡水平方向上最大位移随时间变化曲线。当枪体长度从 0.86 m 增加到 1.26 m 过程中,各工况下的流场压力、气泡水平方向最大位移并没有发生明显变化,这也说明了枪体长度对气枪气泡脉动的影响其实并不大,所以在气枪设计过程中,可以不考虑气枪长度对主脉冲、周期以及初泡比的影响,只要枪体设计长度满足抗冲击和枪容积大小的要求即可。

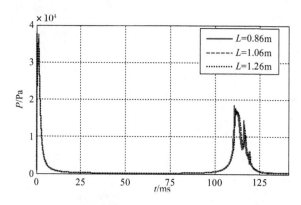

图 6.4　不同枪体长度下气枪开口处流场压力随时间变化曲线

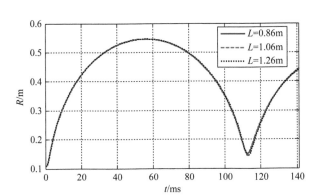

图 6.5　不同枪体长度下气泡水平方向最大位移随时间变化曲线

6.3　环形开口气枪气泡

6.3.1　有限体积法

6.2 节给出了欧拉有限元法精细化模拟气枪气泡的计算过程,本节为了丰富本书的内容,介绍另一种用于气枪气泡精细化模拟的有限体积法[141,147]。本节模型各相均质不相容、相间无滑移,任意时刻 t,位置为 r 的单元,均满足质量守恒方程,即每个单元中流入的气体(或液体)等于流出的气体(或液体):

$$\begin{cases} \dfrac{\partial}{\partial t}(\alpha_1\rho_1) + \mathrm{div}(\alpha_1\rho_1\boldsymbol{u}) = 0 \\ \dfrac{\partial}{\partial t}(\alpha_2\rho_2) + \mathrm{div}(\alpha_2\rho_2\boldsymbol{u}) = 0 \end{cases} \tag{6.7}$$

式中,α_1、ρ_1 分别为空气的体积分数和密度;α_2 和 ρ_2 分别为水的体积分数和密度;$\boldsymbol{u}$ 为单元运动速度,由于模型假设为均质的,所以每个单元运动速度均匀(每个单元均由气液两相构成),用速度 $\boldsymbol{u}$ 表示,并且每个单元内的各相加和满足代数约束:

$$\alpha_1 + \alpha_2 = 1 \tag{6.8}$$

图 6.6 中红色为气体(体积分数 α_1 为 1)、蓝色为液体(体积分数 α_1 为 0),气体初始半径为 R_0。在一个单元中,当水的体积分数大于气体的体积分数,单元为水的颜色($\alpha = \alpha_2$,$\alpha_1 = 0$);当水的体积分数小于气体的体积分数,则单元为气体颜色($\alpha = \alpha_1$,$\alpha_2 = 0$)。但在后处理过程中,往往会在边界上进行插值计算,使得气泡边界有一个渐变过程。

当各单元的体积分数已知后,我们即可根据 $\rho = \alpha_1 \cdot \rho_1 + \alpha_2 \cdot \rho_2$,求得各单元中心的密度值,因此,每个单元的总体质量守恒方程即为[141]

$$\frac{\partial}{\partial t}(\alpha_1\rho_1 + \alpha_2\rho_2) + \mathrm{div}\left[(\alpha_1\rho_1 + \alpha_2\rho_2)\boldsymbol{u}\right] = 0 \tag{6.9}$$

现在有五个未知量和三个方程,五个未知量分别是 ρ_1,ρ_2,α_1,α_2,$\boldsymbol{u}$。

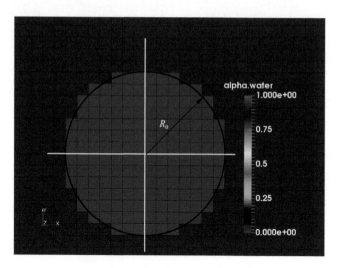

图 6.6　初始流场分布示意图[147]

为求解上述方程，引入动量守恒方程[141]：

$$\frac{\partial}{\partial t}(\rho \boldsymbol{u}) + \mathrm{div}(\rho \boldsymbol{u} \otimes \boldsymbol{u}) - \left[\nabla \boldsymbol{u} \nabla \mu_{\mathrm{eff}} + \mu_{\mathrm{eff}}(\Delta \boldsymbol{u})\right] = -\nabla p_d - (\nabla \rho) \cdot g \cdot x \quad (6.10)$$

式中，μ_{eff} 为有效黏度系数，在每个单元上 $\mu_{\mathrm{eff}}=4(\alpha_1\mu_1+\alpha_2\mu_2)$；$x$ 为单元距离自由面的距离；p_d 是测压管压力（动压力，不计水深和大气压，$p_d = p - \rho g x$）。引入动量守恒方程后，待求的未知量在原基础上增加了一个，变成了六个（$\rho_1, \rho_2, \alpha_1, \alpha_2, \boldsymbol{u}, p_d$），所以我们还要再增加两个方程才能求解出六个未知量。

空气满足等熵状态方程：

$$\left(\frac{\rho}{\rho_\infty}\right)^{\gamma} = \frac{p}{P_\infty} \quad (6.11)$$

式中，γ 是气体绝热指数。

水满足 Tait 方程：

$$\rho = \rho_\infty \left(\frac{p+B}{P_\infty+B}\right)^{\frac{1}{n}} \quad (6.12)$$

式中，B 和 n 是与流体种类有关的常数。

这样的话，我们有了两个质量守恒方程［式（6.7）］，一个动量守恒方程［式（6-10）］，还有三个代数方程［式（6-8）、式（6-11）、式（6-12）］。那么我们只需对微分方程中的三个场变量进行求解，另外三个场变量只要通过代数关系进行求解即可。①从状态方程（6.11）和（6.12）可以看出，密度都是从压力出发进行推导的，即当我们求出单元对应的 p_d，根据状态方程即可求出各相密度，表示为 ρ_1 和 ρ_2；②我们可以使用动量守恒方程（6.10）来求解速度场 $\boldsymbol{u}$；③根据差分对体

积分数 α_1 进行求解，体积分数 α_2 则可根据代数关系式（6.8）进行求解。综上所述，我们的未知变量缩减为三个 $\alpha_1, p_d, \boldsymbol{u}$，另外三个 α_2, ρ_1, ρ_2 通过代数关系即可获得。

首先，将相标号 k 为 1 的质量守恒方程拆分，则可得到

$$\alpha_1 \dot{\rho}_1 + \dot{\alpha}_1 \rho_1 + \alpha_1 \rho_1 \cdot \mathrm{div}(\boldsymbol{u}) + \boldsymbol{u}(\alpha_1 \cdot \mathrm{grad}\, \rho_1 + \rho_1 \cdot \mathrm{grad}\, \alpha_1) = 0 \qquad (6.13)$$

式中，ρ_1 是关于压力的函数 p，可以表示成 $\rho_1 = \rho_1(p)$。这样方程的未知量仅为 $\alpha_1, \boldsymbol{u}, p_d$。根据复合函数求导的链式法则，对密度导数进行求导，得到[141]

$$\begin{cases} \alpha_1 \dfrac{\partial \rho_1}{\partial p} \dot{p} + \dot{\alpha}_1 \rho_1 + \alpha_1 \rho_1 \cdot \mathrm{div}(\boldsymbol{u}) + \boldsymbol{u} \cdot \alpha_1 \cdot \dfrac{\partial \rho_1}{\partial p} \mathrm{grad}(p) + \boldsymbol{u} \cdot \rho_1 \cdot \mathrm{grad}(\alpha_1) = 0 \\[4mm] \dot{\alpha}_1 + \boldsymbol{u} \cdot \mathrm{grad}(\alpha_1) = -\alpha_1 \dfrac{\partial \rho_1}{\partial p} \dfrac{1}{\rho_1} \big[\dot{p} - \boldsymbol{u} \cdot \mathrm{grad}(p)\big] - \alpha_1 \cdot \mathrm{div}(\boldsymbol{u}) \end{cases} \qquad (6.14)$$

同理，相标号 k 为 2 满足同样的质量守恒方程，总体质量守恒方程即可由二者的加和得到

$$\begin{cases} \left(\dfrac{\partial \rho_1}{\partial p} \dfrac{\alpha_1}{\rho_1} + \dfrac{\partial \rho_2}{\partial p} \dfrac{\alpha_2}{\rho_2}\right)\big[\dot{p} - \boldsymbol{u} \cdot \mathrm{grad}(p)\big] + \mathrm{div}(\boldsymbol{u}) = -\big[\dot{\alpha}_1 + \boldsymbol{u} \cdot \mathrm{grad}(\alpha_1) + \dot{\alpha}_2 + \boldsymbol{u} \cdot \mathrm{grad}(\alpha_2)\big] \\[4mm] \left(\dfrac{\partial \rho_1}{\partial p} \dfrac{\alpha_1}{\rho_1} + \dfrac{\partial \rho_2}{\partial p} \dfrac{\alpha_2}{\rho_2}\right)\big[\dot{p} - \boldsymbol{u} \cdot \mathrm{grad}(p)\big] + \mathrm{div}(\boldsymbol{u}) = -\left[\dfrac{\mathrm{d}\alpha_1}{\mathrm{d}t} + \dfrac{\mathrm{d}\alpha_2}{\mathrm{d}t}\right] = 0 \end{cases} \qquad (6.15)$$

式中，压力 $p = \rho g x + p_d$。然后利用总体质量守恒方程（6.15）消去方程（6.14）右侧的压力梯度项

$$\big[\dot{p} - \boldsymbol{u} \cdot \mathrm{grad}(p)\big] = -\mathrm{div}(\boldsymbol{u})\left(\frac{\rho_1 \rho_2}{\rho_2 \alpha_1 \cdot \rho_{1,p} + \rho_1 \alpha_2 \cdot \rho_{2,p}}\right) \qquad (6.16)$$

得到，相标号 k 为 1 的体积分数求解方程[141]：

$$\begin{aligned} \dot{\alpha}_1 + \boldsymbol{u} \cdot \mathrm{grad}(\alpha_1) &= \alpha_1 \frac{\partial \rho_1}{\partial p} \frac{1}{\rho_1} \mathrm{div}(\boldsymbol{u})\left(\frac{\rho_1 \rho_2}{\rho_2 \alpha_1 \cdot \rho_{1,p} + \rho_1 \alpha_2 \cdot \rho_{2,p}}\right) - \alpha_1 \cdot \mathrm{div}(\boldsymbol{u}) \\[3mm] &= \alpha_1 \mathrm{div}(\boldsymbol{u})\left[\frac{\rho_{1,p} \cdot \rho_2}{\alpha_1 \cdot \rho_{1,p} \cdot \rho_2 + \alpha_2 \cdot \rho_{2,p} \cdot \rho_1} - 1\right] \\[3mm] &= \alpha_1 \alpha_2 \cdot \mathrm{div}(\boldsymbol{u})\left[\frac{\rho_{1,p} \cdot \rho_2 - \rho_{2,p} \cdot \rho_1}{\alpha_1 \cdot \rho_{1,p} \cdot \rho_2 + \alpha_2 \cdot \rho_{2,p} \cdot \rho_1}\right] \end{aligned} \qquad (6.17)$$

式中，$\rho_1/p = \partial \rho_1 / \partial p$，$\rho_2/p = \partial \rho_2 / \partial p$。

本节依据高压气枪释放气泡的原理，作为自主开发的 FSLAB 软件的补充，在 OpenFOAM 的基础上进行二次开发，建立了可压缩的气枪气泡脉动计算模型，该模型在气泡动力学模拟中具有较高的精度，类似的模型在前人研究中得到了多次验证。如 Han 等[146]对比了双激光气泡实验和有限体积数值计算结果，文中的激光

气泡由波长为 1064 nm、能量为 250 mJ、时长为 6 ns 的激光器产生，通过对不同位置和不同时刻生成的两个激光气泡的相互作用研究，从气泡形态上验证了有限体积法在空化气泡研究中的可行性。Miller 等[141]根据爆炸气泡的实验结果、有限体积模型数值模型结果以及 Ralayleigh 模型的数值解的气泡半径对比，发现采用不同网格尺寸的有限体积模型计算气泡周期与实验结果吻合良好，定性地验证了有限体积法在爆炸气泡模拟上的可行性。Li 等[139]同样基于有限体积模型研究了爆炸气泡问题，对比了有限体积模型和 Gilmore 模型求解的气泡半径，经过对比发现，当忽略浮力作用的情况下，有限体积模型和 Gilmore 模型计算的气泡半径相差不大。

6.3.2　轴对称气枪模型

环形开口是一种典型的气枪开口形式，这种方法可以有效地减小气枪发射过程中的径向震动，常见的如商用 Sleeve 枪，该枪型的发射原理已在第 1 章中进行了详细描述。基于有限体积法模拟气枪气泡脉动时，本节将气枪枪体进行了简化处理，忽略了气枪内部构造对气泡脉动的影响，如梭阀、内部支撑杆等，直接将枪体等效为刚性空心圆柱体。气枪的相应尺寸标注在图 6.7 中，枪体高 0.8 m、外直径 0.2 m，充满气体的上下气室内高 0.6 m、内直径 0.1 m，开口在中间对应的开口中心距气枪底定义为 d，环形开口高度定义为 H_p，气枪容积 V_{gun} 为 4.712 L（约 288 in³），内压采用常用商用气枪标准内压 2000 psi（约 13.8 MPa），气枪安放在一个装满水的直径为 16 m 的刚性圆柱形容器的中心，初始时高压气体速度为 0，温度为 20℃左右，当高压气枪开口打开后，压缩气体便从气枪气室快速喷出形成气枪气泡。

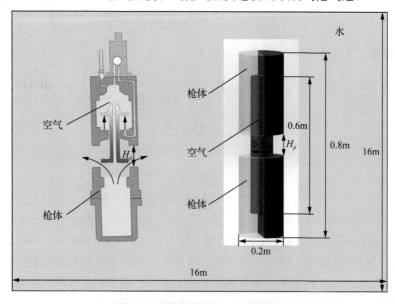

图 6.7　简化的环形开口气枪模型

由于气泡与流场边界条件沿 y 轴对称，因此求解时只需要选取 1/2 的空气枪模型即可，本章建立了如图 6.8 所示的楔形结构，用于本节轴对称问题的求解，为了便于观察，图中只截取了模型的一小部分，为尽量减小边界的反射效应，实际周围流域为宽 16 m 的圆柱形，根据 Chahine[169]的理论当气泡距自由面的无量纲距离为 3 倍气泡最大半径时，自由面对气泡脉动的影响几乎可以忽略不计，而根据 Shima[201]和 Kling 等[202]，刚性边界对气泡脉动无影响的临界距离同样约为 3 倍气泡半径。图中 m_2、m_3 和 n_1 对应区域的网格进行了加密处理，而远离气枪的边界 m_1 和 n_2 对应区域网格为正常大小，总网格数为 560×560。

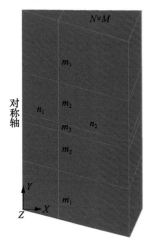

图 6.8　离散后的气枪模型

6.3.3　开口位置的影响

1. 中间开口

图 6.9 描述了环形开口在气枪枪体中央时气枪气泡运动及周围流场的压力云图，开口中心距气枪底 d 为 0.4 m，图中白色区域表示气体，气枪开口高度为 0.06 m，初始高压气体均匀填满整个气室（$t = 0$ ms），当气枪开口打开后气室内气体快速喷出（$t = 1$ ms），形成初始气枪气泡。膨胀过程中，气枪内气体不断向气泡内部转移，气泡体积不断增加，在 $t = 35$ ms 左右，气泡容积达到最大值，此时气泡在竖直方向的长度超过了气枪边界，在整个气枪气泡膨胀过程中，流场高压区逐渐从气泡表面向无穷远处转移；坍塌过程中，气泡两端中心线附近形成了两个高压驻点，高压驻点驱使周围流体快速向气泡流动，使得气泡内凹形成对向射流，浮力作用下，气泡射流微微上偏，当 $t = 70$ ms 时，对向射流发生碰撞，气泡从中部撕裂成两部分，撕裂后的气泡将继续坍塌，直至气泡体积达到最小，气泡开始回弹，如 $t = 75 \sim 90$ ms 所示。

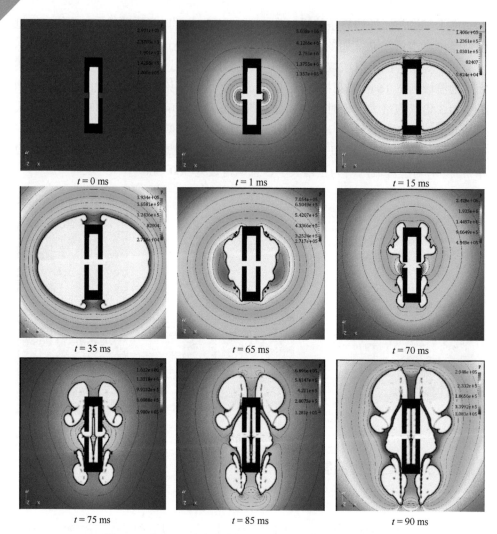

图 6.9　环形开口在气枪枪体中间的气泡运动（$d=0.4$ m）

2. 1/4 处开口

图 6.10 中的气枪开口位置进一步下移，中心距气枪底部高度 d 为 0.2 m。膨胀过程中，气泡上部始终沿着气枪壁运动，气泡下部在膨胀中期脱离气泡表面，在 $t=35$ ms 气泡体积接近最大时，气泡将气枪底端包围，在气泡坍塌阶段，左右两侧高压区的形成，致使气泡内部形成了同上一个工况（$d=0.4$ m）类似的斜射流，射流在气泡坍塌末期发生碰撞，并将气泡撕裂成极度不对称的上下两部分（$t=70$ ms），撕裂后的两气泡将继续坍塌，直至气泡体积达到最小，气泡开始回弹，回弹后的气泡将再度膨胀，气枪内残余气体再次喷出，但气泡形态变

得极不规则，并伴随着气泡回弹，部分曲率较大的地方，气泡存在进一步破碎的倾向（$t = 75 \sim 90$ ms）。

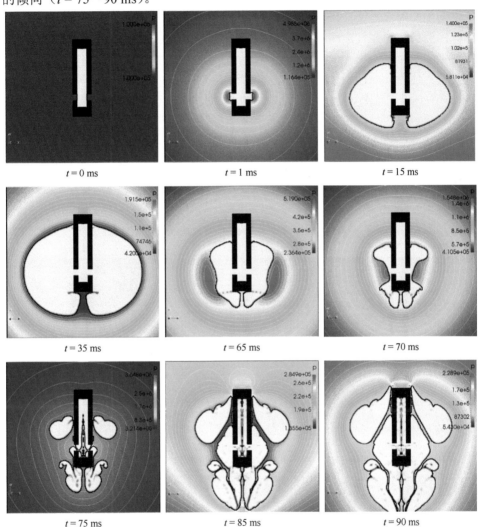

$t = 0$ ms　　　　　　$t = 1$ ms　　　　　　$t = 15$ ms

$t = 35$ ms　　　　　　$t = 65$ ms　　　　　　$t = 70$ ms

$t = 75$ ms　　　　　　$t = 85$ ms　　　　　　$t = 90$ ms

图 6.10　环形开口位于气枪 1/4 长度处的气泡运动（$d = 0.2$ m）

3. 底端开口

图 6.11 为开口在枪体底部的气枪气泡运动情况（$d = 0$ m）。不同于 $d = 0.4$ m 和 $d = 0.2$ m 两个工况，该工况下的枪体对气泡的影响明显减弱。初始气体从气枪底部迅速喷出，气泡在竖直方向的膨胀更为剧烈，具有更大的运动速度，逐步形成了 $t = 15$ ms 和 $t = 35$ ms 所示的心形气泡形态；坍塌阶段，流场内形成了三个明显的高压区（$t = 65$ ms），一个是在气泡的正下方，主要由浮力效应所引起的，另

外两个在气枪枪体与气泡的交界面处，很可能是由壁面效应所引起的，在三个高压区的共同作用下，气泡内部形成了三个明显射流，使得气泡底部和肩侧内凹，从下向上的射流较宽，在坍塌末期气泡内部射流发生碰撞，气泡被撕裂成了多个部分，然后各部分气泡同上述工况（图6.9和图6.10）一样，开始独立脉动。

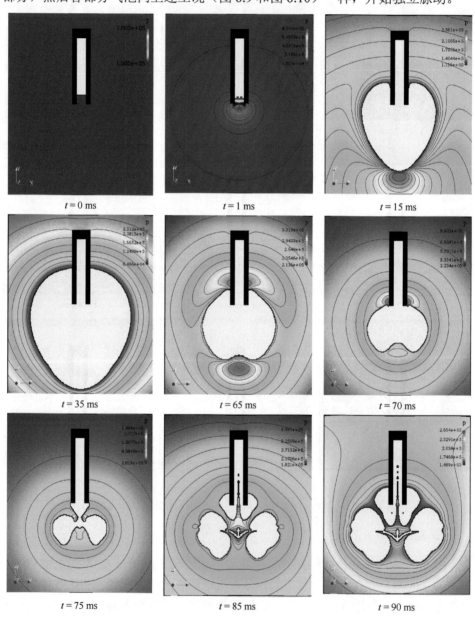

图6.11　环形开口在气枪底部的气泡运动（$d = 0\,\text{m}$）

4. 定量分析

图 6.12 描述了不同开口位置下气枪外边界开口中心高度处压力子波形态的对比，气枪开口中心距气枪底部的高度分别为 0.4 m（开口在中间）、0.2 m（1/4 长度处）和 0 m（开口在底部），图中曲线分别与图 6.9 至图 6.11 对应。从压力曲线来看，气枪开口位置对压力主脉冲的影响其实并不大，只有当气枪开口位于气枪底端时，压力脉冲才明显增大（约 7.3 MPa）；对于气泡脉冲来说，开口位于中间或 1/4 处对其几乎无影响，但值得注意的是气泡坍塌末期的压力并不光滑，主要是由于气泡内部的射流冲击造成的[203]；对于气泡脉动周期，随气枪口下移周期明显变大，可能是由于枪体对气泡作用减弱，气泡可以膨胀到更大的容积造成的，如图 6.13 所示。此外，当开口在气枪底端时，主脉冲衰减较慢，对应的主脉冲的脉宽更长。

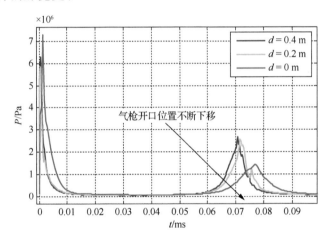

图 6.12 不同气枪开口位置的环形开口压力子波形态对比

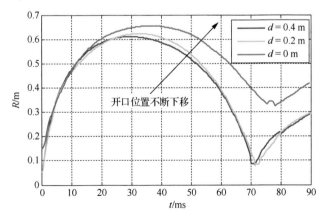

图 6.13 垂直于气枪开口方向的气泡最大位移时历曲线

6.3.4 开口高度的影响

1. 开口高度减小

相比于 6.3.3 节的第一个工况，气枪开口仍位于枪体中央，仅环形开口高度由 0.06 m 减小到了 0.02 m，气枪气泡脉动情况如图 6.14 所示。初始阶段在高压气体的驱动下，气枪周围的水被迅速推开，同时随着气枪内气体向气泡内的转移，气泡体积不断扩大，且水平方向具有比竖直方向更大的运动速度，形成了如 $t = 15$ ms 时刻所示的非球形气泡形态，但随着气泡体积的进一步增大，气泡形态逐渐向球形演化，当 $t = 35$ ms 气泡体积接近最大时，气泡两侧几乎成半球形；坍塌阶段，在背向枪体气泡表面处形成了两个高压区，并且在高压区的作用下形成了如 $t = 70$ ms 和 $t = 75$ ms 时刻所示的宽射流，在射流冲击下气泡从中部撕裂，但由于浮力的存在，气泡射流略微向上偏移；当气泡体积达到最小后，撕裂后的气泡将再次回弹（$t = 75 \sim 95$ ms）。

2. 开口高度增大

气枪环形口高度为 0.10 m 时，气枪气泡脉动情况如图 6.15 所示。随着出气口的扩大，气泡的脉动水平方向同竖直方向的差异减小，气泡膨胀过程几乎保持着

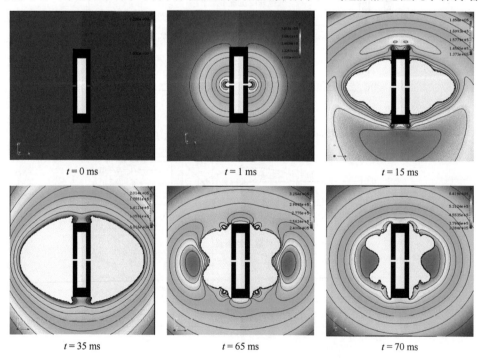

$t = 0$ ms $t = 1$ ms $t = 15$ ms

$t = 35$ ms $t = 65$ ms $t = 70$ ms

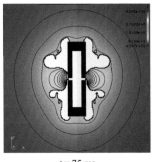 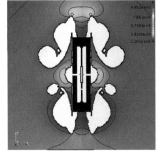 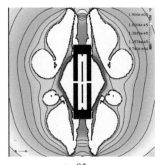

| $t = 75$ ms | $t = 85$ ms | $t = 95$ ms |

图 6.14 气枪开口高度 H_p 为 0.02 m 时气泡脉动情况

半球形，气泡体积膨胀至最大时，气泡上下两端长度超出气枪边界，在气枪的首尾两端形成了明显的突出物。坍塌过程中，由于开口尺寸增大壁面效应减弱，在浮力作用下，气泡内形成了斜向上的射流（$t = 70$ ms），并导致了坍塌末期的气泡撕裂；与上一工况（$H_p = 0.02$ m）不同的是，气泡撕裂是当两射流在气枪竖直中心线发生碰撞，而上一工况（$H_p = 0.02$ m）气泡撕裂是由于射流与气枪枪体发生碰撞，撕裂后的气泡脉动情况如 $t = 75 \sim 90$ ms 时刻所示。

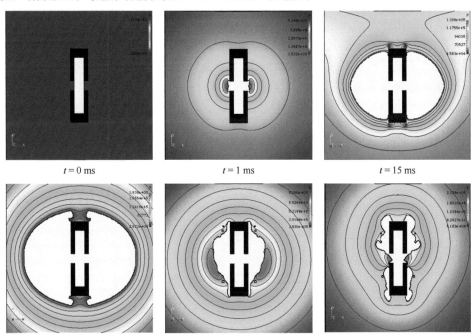

| $t = 0$ ms | $t = 1$ ms | $t = 15$ ms |
| $t = 35$ ms | $t = 65$ ms | $t = 70$ ms |

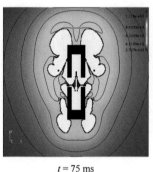 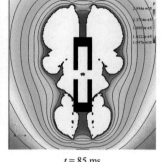 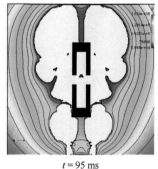

$t = 75$ ms　　　　　　　　$t = 85$ ms　　　　　　　　$t = 95$ ms

图 6.15　气枪开口高度 H_p 为 0.1 m 时气泡脉动情况

3. 定量分析

图 6.16 为不同开口高度下，气枪开口中心处流场压力随时间的变化曲线，当开口高度为从 0.02 m 变化到 0.10 m 的过程中，主脉冲峰值变化并不大，但 0.02 m 对应的工况、气泡脉冲和周期都发生明显变化，这可能是由于当气枪开口高度为 0.02 m 时，坍塌阶段形成的两水平射流直接与枪体发生碰撞，而当开口高度为 0.06 m 和 0.10 m 时，气泡内部的对向射流在气枪竖直中心线附近发生相撞，所以 0.02 m 工况中气泡坍塌末期气枪口处压力峰值较大。此外，当开口高度为 0.02 m 时，气泡水平方向具有更大的位移变化，而开口高度为 0.06 m 和 0.10 m 时，二者最大的水平位移相差不大（图 6.17），这主要是气体从气枪喷出速率造成的，而开口高度是影响喷气速率的主要原因。

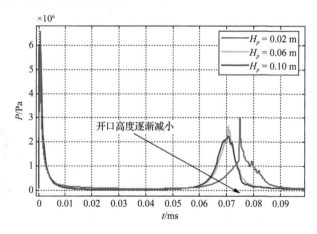

图 6.16　不同开口高度下流场压力随时间变化曲线

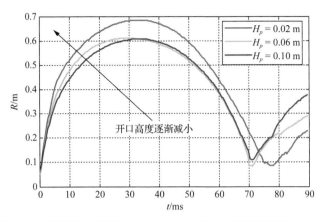

图 6.17　不同开口高度下气泡水平方向最大位移随时间变化曲线

6.4　不同开口形式的气枪气泡

6.4.1　三维气枪模型

在实际工程应用中，应用最为广泛的实际上并不是环形开口的气枪，而是如图 6.18 所示的四开口气枪，图中左侧为一种常用的枪型之一（Bolt 枪）。为了简化计算，模型中并没有考虑气枪内部结构的影响，直接将枪体当作空心圆柱壳进行处理，并在空心圆柱壳中心高度上设计了四个圆形开口，开口沿枪体环形均匀分布，开口高度和环形开口一样用 H_p 表示，其余初始条件保持同 6.2 节一致，包括气枪容积、初始压力以及初始温度等，枪体外高 0.8 m、内高 0.6 m，水槽高度和长度均为 16 m，初始气枪气泡位于水槽的中心高度处。

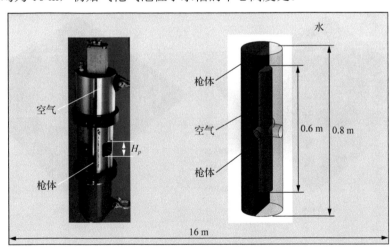

图 6.18　简化的四开口气枪模型

6.4.2　四开口气枪

1. 开口直径增大

开口直径为 0.06 m 时的气枪气泡脉动情况如图 6.19 所示,初始阶段气枪内部气体快速从气室喷出 ($t = 2$ ms),在气枪口附近形成了四个类似圆锥形的小气泡,随着气枪内气体的继续喷出,小气泡快速向外膨胀,各小气泡的逐渐靠近,并且小气泡从根部开始融合;当 $t = 8$ ms 时,气泡虽然像花一样分成四瓣儿,但气泡根部其实已经完全融合,随着气泡的继续膨胀,融合部位沿着气泡根部向前迁移,直至花瓣尖端 ($t = 16$ ms);当 $t = 32$ ms 时,小气泡已经完全融合成了一个大气泡,气泡在形态上近似为一个方形。从压力云图来看,膨胀过程中流场的高压逐渐从气泡中心向远场扩散 ($0 \sim 32$ ms),当 $t = 32$ ms 时,气泡周围的流场压力已经远低于远场。

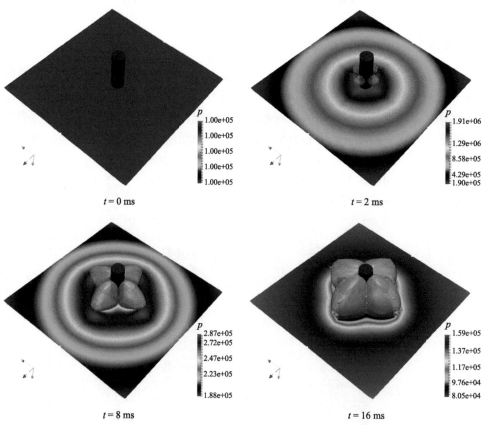

$t = 0$ ms　　　　　　　　　　　$t = 2$ ms

$t = 8$ ms　　　　　　　　　　　$t = 16$ ms

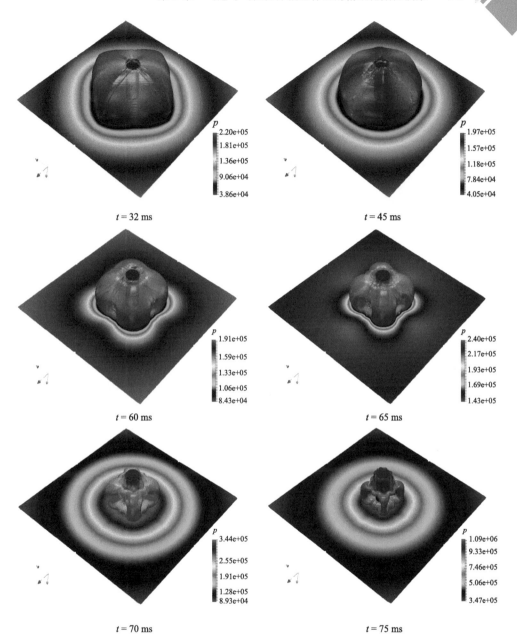

$t = 32$ ms

$t = 45$ ms

$t = 60$ ms

$t = 65$ ms

$t = 70$ ms

$t = 75$ ms

图 6.19　开口直径为 0.06 m 的气枪气泡运动

　　坍塌阶段气泡体积逐渐缩小，气泡形态逐渐向球形靠拢，形成了 $t = 45$ ms 时的球形气泡，但由于枪体和开口的存在，后续的气泡坍塌过程中，气泡表面正对出气口的四个区域逐渐内凹（$t = 60 \sim 70$ ms），形成了四个明显的水射流，随着气泡坍塌，射流逐渐向气泡中心靠拢，最终与枪体发生碰撞，而且坍塌过程中流场的高压逐渐从远场回落到气泡表面。当气泡表面收缩速度减为零后，气泡体积达到最小值，气泡开始反向运动（即回弹），气泡体积再次增加。为了验证模型的正确性，本章引用了 Graff 等[178-179]的四开口气枪气泡脉动图片，如图 6.20 所示，气泡地喷出、融合、坍塌过程同本章的模拟情况大体一致。

图 6.20　气枪气泡脉动过程[178-179]

2. 开口直径减小

如图 6.21 所示，当气枪开口直径减小为 0.04 m 时，气体从气枪口喷出时似乎具有了更大的初始速度（$t = 2$ ms），四个小气泡融合发生的时间要相对晚一些，当 $t = 4$ ms 时，形成的小气泡沿开口方向具有更大的长度，并且随气泡膨胀变得更为明显（$t = 8$ ms 和 $t = 24$ ms），气泡周围的初始流场压力分布也并非球形的，有点类似于四个气泡独立脉动引起的流场分布情况，如 1.3.2 节中的图 1.14 所示。随着气泡的继续膨胀气泡开始融合，在 $t = 50$ ms 时，气泡才完全融合成一个方形大气泡，但此时气泡其实已经开始坍塌了，开口处对应的气泡表面已经出现了内凹的趋势，相比于开口直径为 0.06 m 的工况，气泡形成的射流宽度似乎更小（$t = 65$ ms），坍塌初期外围流场压力明显高于气泡周围，直至 $t = 70$ ms 左右时，流场的高压才重新回到气泡表面，为气泡回弹及气泡脉冲的形成奠定了基础（$t = 85$ ms）。

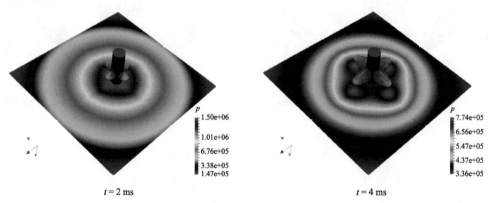

$t = 2$ ms　　　　　　　　　　　　　　　　　　$t = 4$ ms

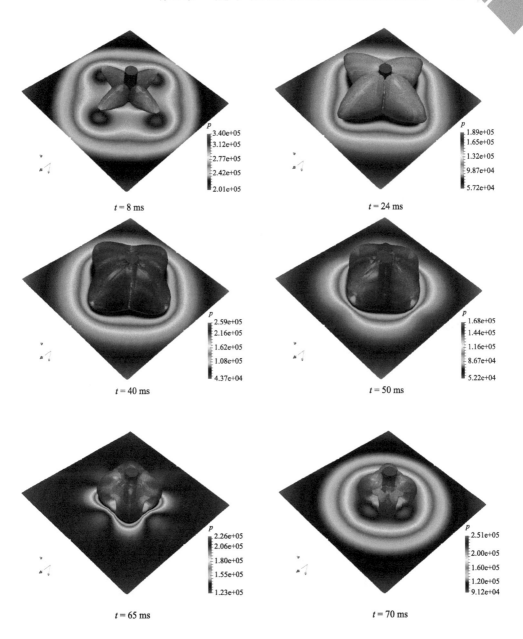

$t = 8$ ms

$t = 24$ ms

$t = 40$ ms

$t = 50$ ms

$t = 65$ ms

$t = 70$ ms

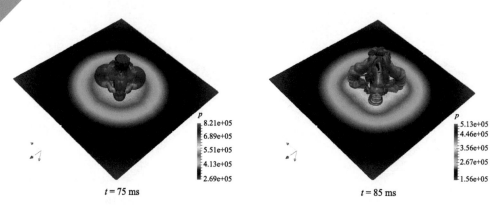

$t = 75$ ms $t = 85$ ms

图 6.21　圆形开口直径为 0.04 m 的气枪气泡运动

6.4.3　环形开口气枪

图 6.22 为环形开口气枪的三维气枪气泡脉动过程,环形开口的高度为 0.06 m,该工况实际与 6.3.2 节中的第一个工况完全一样,只是利用三维模型进行了计算,图中流场和气泡结构的轻微不对称,很可能是由于不同位置网格布置疏密程度不一引起的。初始放气阶段,气体快速从环形开口喷出,流场压力从气泡中心向远场逐渐降低,膨胀过程中气泡基本上维持环形($t = 3 \sim 16$ ms),气泡体积在 35 ms 左右达到最大,然后气泡开始坍塌,坍塌至 $t = 50$ ms 时,气泡形态几乎呈球形,流场的高压仍在气泡的外围,并随气泡继续坍塌一点点地回到气泡表面($t = 70$ ms),而气泡也在气枪中部的高压作用下形成了指向枪体的高速水射流,$t = 90$ ms 时,气泡已经再次回弹。

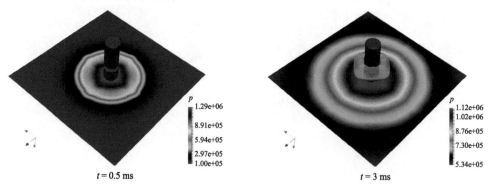

$t = 0.5$ ms $t = 3$ ms

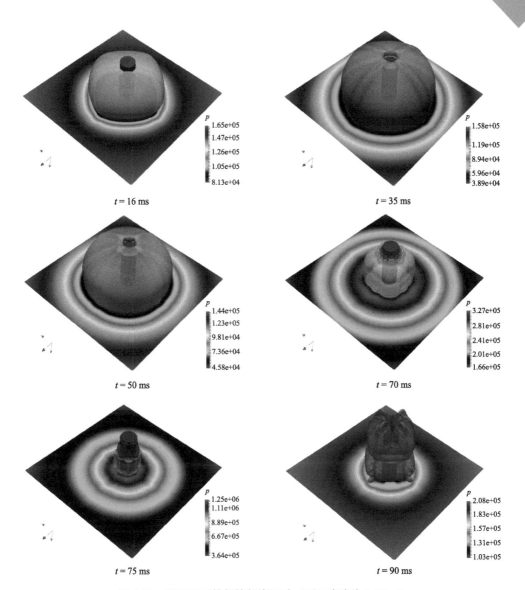

图 6.22　环形开口的气枪气泡运动（开口高度为 0.06 m）

6.5　本　章　小　结

　　针对气枪设计过程中遇到的一些问题，如气枪直径、出气口形态、出气口尺寸、出气口位置等重要参数的确定，本章基于欧拉有限元法和有限体积法，建立了可压缩的气枪气泡与枪体边界耦合模型，对刚性边界与气泡的强耦合问题进行了研究。相比于边界积分法，欧拉有限元法和有限体积法在气泡融合撕裂问题的处理上，具有更加明显的灵活性，避免了边界积分法中网格处理难题。本章通过改变气枪开口位置、开口高度、开口形式以及枪体长度等初始条件，对比了不同工况下气泡脉动特性、气泡水平最大位移以及气泡周围流场压力的一些情况，并得出了以下结论：

　　（1）若将气枪竖直放置，当开口位置在气枪底端，似乎气体的利用效率最高，也就是说，此时的气枪气泡可以膨胀至更大的容积，从气枪激发的压力子波来看，开口在底端时压力子波具有更大的主脉冲，且主脉冲衰减缓慢、脉宽较长。

　　（2）当气枪开口在中间时，气枪开口高度的改变似乎对气枪激发的压力子波主脉冲影响不大，当开口高度从 0.06 m 增加到 0.10 m 的过程中，气泡脉冲和气泡脉动周期变化显著；另外，当气枪开口高度较小时，受气体喷出速率的影响，气泡在获得了较大周期的同时，也具有了较大的水平位移。

　　（3）当枪体长度从 0.86 m 增加到 1.26 m 的过程中，气枪周围的流场压力和气泡脉动位移几乎没有任何变化，这也说明了枪体长度似乎对气枪气泡脉动的影响并不大，所以在气枪设计过程中，可以不考虑枪体长度对主脉冲、周期以及初泡比影响，只要枪体设计长度满足抗冲击和容积大小的要求即可。

第7章　实验室条件下的高压放电震源气泡动力学特性

7.1　引　　言

高压放电（电火花）震源也常被用于海底资源探测，是最早用于海底资源勘探的非炸药震源之一，但受限于低频段的有效带宽，电火花震源常被用作浅海探测。由于气枪气泡的脉动机理较为复杂，理论方法和数值模拟所能求解的情况比较有限，而实验室条件下的高压气枪气泡实验开展又相对较为困难，一方面气枪内部结构复杂，小比例气枪缩比模型制作难度大，另一方面若采用全比例的真实商用气枪，需要尺寸相对较大的水池条件。鉴于高压电火花气泡与气枪气泡具有较高的相似性，二者均为高压气团驱使下的流体弹性震荡，从而导致了周围流场的压力变化，故而本章采用高压电火花气泡代替气枪气泡进行实验，揭示不同边界条件下气泡的运动规律。

本章设计并建造了高压火花气泡生成装置，结合高速摄影技术成功获得了透明度较高、尺寸相对较大的电火花气泡，对气泡形态和内部射流的观察非常有利。本章首先验证了电极、水槽等外在因素不会对气泡脉动产生较大影响，在此基础上，对自由场气泡脉动进行了分析，并讨论了气泡形态、中心迁移、气泡半径、结点速度、射流形成过程；然后，对近自由面的气泡脉动进行了研究，总结了不同距离参数下的气泡形态和自由面形态变化，并对比了不同放电电压下的气泡脉动过程；接着，我们分析了刚性壁面以及自由面与壁面联合作用下的气泡脉动形态；最后，我们对各类边界的影响进行了综合分析，包括放电电压与气泡最大半径的关系，气泡脉动周期、射流尖端速度和气泡中心迁移与距离参数的关系。

7.2　高压放电气泡实验方法

7.2.1　实验装置及方法

基于水下高压放电原理[204-205]，本章自主设计并制造了可调式高电压大尺度电火花气泡生成装置，装置基本原理及实验基本方法的简要示意图如图 7.1 所示。该装置主要包括四部分：充电装置、放电装置、测量装置和安全装置。充电装置主要利用两块稳压电源，一块低压稳压电源，输入交流电压 220 V、输出直流电压 12 V，另一块高压稳压电源，输入直流电压 12 V、输出直流电压 2000 V，并在其中加入防倒流装置实现对高压电容稳定充电。为实现电源电压的输出可调，将一个 10 K 的电位器串联在电源的两端，则可通过调节电位器的阻值实现电源输出电压的大小控制。放电装置由若干组额定电压为 450 V、电容为 1000 μF 的单电容串并联而成，电容组的一端直接与电源相连，构成了充电回路，而电容组的另一端直接与放置在透明水槽中央的金属电极相连，至于电极的材质可以根据放电电压的大小选择不同的导电体，如当电压较高时可以采用熔点较高的钨电极，电压较低时可以采用铜丝石墨等电极。

此外，电路中具有一部分简单的测量装置，如电路中使用的两块数显电压表，一块用于测量高压电源两端输出的电压，量程为 0～5000 V，以防止输入电压超出量程而损坏，另一块用于测量电容两端的电压，量程为-2000～+2000，防止电容放电时电压不稳定出现负值。安全装置：首先，利用继电器实现了低压对高压的充电和放电过程的控制，避免了人与高压的直接接触；其次，电路中设计了地线的连接；再次，为消除电容中残余电荷，电路中设计了专门的释放残余电荷装置，在电容两端连接一个大功率大阻值的电阻和开关，当实验结束时，闭合开关，电容中的残余电能将通过电阻生成热能释放；最后，发明者将上述所有设备装在一个金属的仪器箱里，阻断了电路产生的电磁场向外辐射，充分保证了实验人员的人身安全。

实验开始时，首先需要对实验装置进行如图 7.1 所示的布置，将高速摄像机和光源分别放置在水槽两端，拍摄时尽量保持相机、光源和气泡中心处于同一水平线上，至于水槽尺寸最好不低于 5 倍的气泡半径，本章采用的是 0.5 m×0.5 m×0.5 m 的透明方形玻璃水槽。在对电容进行充电前，我们需要对上文所述的 10 K 电位器进行放电电压调节，调节至合适值后，闭合开关 K1 开始充电，充电状态下指示灯 L1 将保持常亮状态，当电容电压表与电源电压相近时，断开开关 K1 停止充电，同时调节高速相机参数至合适值，由于气泡周期一般是在微秒级，所以相机曝光时间、分辨率等参数的设置尤为重要。当一切准备就绪后，需要同时按下放电开关 K2 和高速相机信息采集按钮，此时放电指示灯 L2 点亮，其中值得注意的是，相机拍摄和放电触发的同步性极为重要。

若进行高压放电试验时，为防止电路短路，通常在两钨针电极间留有很小的空隙，放电电路连通后，钨针尖端处流体被瞬间击穿电离，形成了一个小范围的高温高压等离子区域，迅速推动周围流体向四周运动，伴随着大量白光的释放，形成了内部高温高压的电火花气泡。电火花气泡成分相对较为复杂，既包含大量的可冷凝水蒸气，又包含一部分电极持续燃烧产物，其中可冷凝水蒸气对气泡脉动周期具有较大影响，对剧烈的气泡脉动起到缓冲作用，根据文献[170]、[206]的研究，在高压放电试验中，可冷凝气体的平均值可高达 10000 Pa，具体内容将在后文中继续研究。

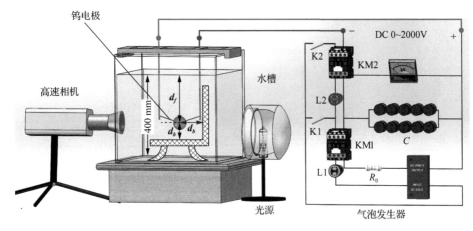

图 7.1　高电压大尺度电火花气泡实验方法示意图[207]

7.2.2　数据测量及无量纲化

实验中的长度数据是通过一把毫米量级标尺进行标定的，实验开始前，将标尺放在气泡中心位置处，并采用高速相机拍摄记录标尺长度，这样就可以得到像素与真实长度的换算值，在相机参数保持不变的情况下，后续实验中的气泡尺寸、自由面高度、距壁面距离等的真实尺寸则均可求出。对于气泡最大半径 R_m 的求取，本章采用了等效面积法[193]，尤其适用于气泡明显非球形的情况。在气泡体积达到最大时，沿着气泡边界一圈手动点取若干个点，然后将各点连接构成多边形，气泡面积 A 即等效为多边形的面积，等效气泡最大半径 $R_m = \sqrt{A/\pi}$。为了简化气泡半径的计算，本章采用自主开发的软件对气泡边界进行搜索，如图 7.2 所示，该软件可沿气泡边界自动选点，避免了手工操作的麻烦，然后根据像素与真实长度的换算比率，将气泡直接映射到真实尺寸坐标系中，采集的所有气泡边界点即对应着坐标系中各真实点，最后根据面积公式求出相应等效气泡最大半径 R_m，其基本原理就是根据图片中的颜色差异，如一副二值图片，颜色深的地方为 1，颜色浅的地方为 0，那么我们很容易就可以将气泡边界同周围区分开来。

气泡脉动时间的测量是根据高速相机参数计算出来的，本章采用的相机为 Vision Research Inc.公司出产的 Phantom v12.1 型，相机带有功能齐全的后处理软件，最大拍摄速度可达一百万帧每秒，可以记录分辨率为 128×8 的图片，根据相机拍摄速率即可求得相邻图片时间间隔，如当相机拍摄速率为 13540 帧/s，相邻图片时间间隔即为 74 μs（1/13540），所以对应的时间误差一般不超过 74 μs。曝光时间决定了图片边界的锐度，相机最小曝光为 1 μs，关于相机的详情亦可参见文献[208]、[209]。

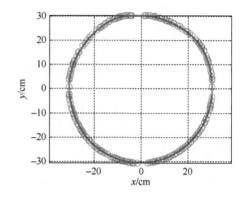

图 7.2　电火花气泡边界提取示意图

本章所有实验均是在室温下（约 24 ℃）进行的，水槽上方并不封闭，压强约为标准大气压（约 0.1 MPa），选择 $R_m(\rho/\Delta p)^{1/2}$ 作为时间特征参量，其中 Δp 为压力特征参量，满足 $\Delta p = P_\infty - P_v$，$p_v$ 是可冷凝气体饱和蒸汽压，P_∞ 为气泡中心高度处无干扰状态下的静水压力，R_m 为气泡脉动过程半径的最大值，速度的特征量为 $(\Delta p/\rho)^{1/2}$，其中 ρ 为水的密度（约 1000 kg/m³）。此外，实验中还有一些常用到的无量纲参数定义如下[188]。

浮力参数：

$$\delta = \sqrt{\frac{\rho g R_m}{\Delta p}} \tag{7.1}$$

强度参数：

$$\varepsilon = \frac{P_0}{\Delta p} \tag{7.2}$$

距离参数：

$$\gamma = \frac{d}{R_m} \tag{7.3}$$

式中，d 为气泡距边界的实际距离，若边界为自由面，距离参数表示为 γ_f，若边界为刚性壁面，距离参数为表示为 γ_b。

7.2.3　不同气泡激励方式对比

为了比较不同气泡激励方式下气泡脉动的差别，如常压下的电火花气泡、减压下的电火花气泡、激光气泡以及爆炸气泡等，本节引入了相似理论，对比了不同激励源的自由场气泡半径变化规律，根据文献[210]，两种不同激励源对应的时间和空间换算系数分别为 λ_T 和 λ_R，满足：

$$\lambda_T = \frac{t_u}{t_\alpha} = \frac{1+\mu_u}{1+\mu_\alpha}\sqrt{\frac{p_\infty - (p_i)_\alpha - \rho_\infty g h_\alpha}{p_\infty - (p_i)_u - \rho_\infty g h_u}} \frac{(R_m)_u}{(R_m)_\alpha} \tag{7.4}$$

$$\lambda_R = \frac{R_u(t_u)}{R_\alpha(t_\alpha)} = \frac{(R_m)_u}{(R_m)_\alpha} \tag{7.5}$$

式中，下标 u 和 α 代表了不同激励源，μ 是与 Tait 方程相关的系数，详情参见文献[210]。

表 7.1 给出了不同激励源下气泡生成的实验数据，表中，W 和 U 分别表示装药质量和放电电压；h 表示气泡中心距自由面的距离；R_m 为脉动过程中的气泡最大半径；t_c 为气泡坍塌时间；p_{max} 为气泡坍塌过程中的最大压力；p_i 为气泡内部的平均压力。55 g Hexocire 炸药在 3.5 m 水深处起爆的实验数据来自文献[113]，低压电火花气泡实验数据来自文献[211]，减压电火花气泡实验数据来自文献[208]。另外，减压实验所对应的 P_∞ 并不同于其他实验，减压容器内的压力 P_∞ 为大气压和抽压的差值（约为 110 kPa）。

表 7.1　不同激励源下气泡实验数据

激励源	W 或 U	h/m	R_m/mm	t_c/ms	p_{max}/MPa	μ	p_i/KPa
Hexocire	55 g	3.5	560	47.0	169	0.032	≈0
激光	—	0.1	1.10	0.1	<200 P_∞	≈0	≈0
低压电火花	201 V	0.1	13.95	1.9	<200 P_∞	≈0	57.3
高压电火花	1800 V	0.16	30.62	3.0	<200 P_∞	≈0	14.3
减压电火花	201 V	0.2	43.82	24.0	<200 P_∞	≈0	99.5

根据表 7.1 中数据即可求出式（7.4）和式（7.5）中对应的 λ_T 和 λ_R，并由此得到缩比后的气泡半径时历变化曲线，如图 7.3 所示，图中各工况是根据 55 g Hexocire 炸药所在工况比例缩放后得到的，不同的气泡产生方式与水下爆炸气泡具有相同的变化规律，减压环境下的电火花气泡实验同水下装药爆炸最为相近，但实验过程复杂，需要在密闭环境下进行，操作性较差成本较高；本章的高电压电火花气泡同爆炸气泡也具有很好的相似性，但第二周期的气泡能量衰减较爆炸气泡略为严重，可能是由于气泡内气体成分差异引起的；低电压电火花气泡膨胀和坍塌时间明显不对称，可能是由于气泡激发时内部铜丝电极燃烧造成的，使得气泡周期延长；激光气泡具有较好的球对称性，但激光气泡能量普遍较低，气泡尺寸一般是在毫米量级，在气泡研究过程中，黏性等外界因素极有

可能对气泡脉动造成不可忽略的影响。综上，本章自主设计高压电火花气泡实验装置，生成的气泡尺度相对较大、透明度较高，便于一些强非线性物理过程的研究，如气泡射流、撕裂等，比较适合用于实验室条件下的气泡动力学实验研究。

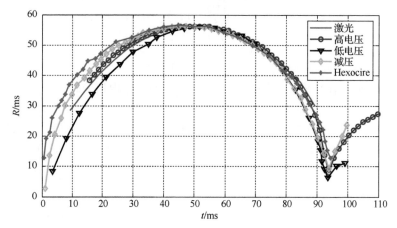

图 7.3　不同气泡激励方式下的气泡半径时历曲线对比

7.3　自由场中气泡脉动特性

7.3.1　基本现象

图 7.4 为放电电压 1800 V、电容 400 μF 下的气泡脉动过程，气泡脉动速度及等效半径变化如图 7.5 所示，最大半径 $R_{max} \approx 30.41$ mm，浮力参数 $\delta \approx 0.06$。初始气泡内压远大于外部流场压力，气泡加速膨胀内压减小，很快内外压达到平衡，气泡脉动速度达到最大，在惯性水流的作用下气泡将"过度膨胀"，随着气泡体积的继续增大，气泡脉动速度开始下降，直至 3.1 ms 气泡脉动速度减为零，气泡半径达到最大；然后气泡开始坍塌，内压增大、速度反向，直到内外压再次平衡，气泡在惯性水流作用下"过度收缩"，脉动速度迅速衰减，6.0 ms 气泡第一周期脉动结束，气泡体积收缩至最小，脉动速度衰减为零，但由于此时内泡内压再次大于外界流体压力，气泡将再次膨胀。后续周期气泡将不断重复该"膨胀—坍塌—射流—回弹"过程，直至气泡破碎，且每周期的气泡最大半径逐渐减小。

气泡从第二周期开始表面变得不光滑出现褶皱，该现象可能是电极放电瞬间，高温高压引起电极燃烧产生的杂质飞射造成的，在接触到气泡表面时，气泡表面受到扰动出现褶皱，同时杂质在飞出气泡表面时，气泡内小部分气体冲出气泡表面，生成微小气泡围绕在大气泡周围，这些微小气泡在受到冲击波影响时，也会开始脉动[111]，对气泡表面产生影响。图 7.6 描述了气泡中心迁移与气泡半径的关系，由图可见，气泡中心位置在大部分脉动周期内基本保持不变，但在气泡坍塌至体积接近最小时，气泡中心发生明显的阶跃现象，这可能是由坍塌后期的射流冲击造成的，重力场中流场压力呈梯度分布，气泡上表面压力小于下表面，所以形成了如图 7.4 中 6.0 ms、8.9 ms、10.8 ms 所示的重力诱导射流，坍塌后期射流穿透气泡上表面，射流冲击下发生了图 7.6 所示的快速迁移。

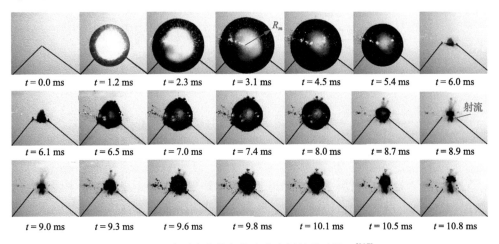

图 7.4　高压电火花气泡在自由场的脉动情况[207]

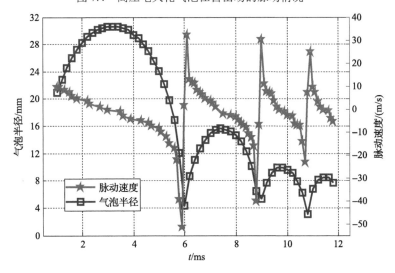

图 7.5　气泡等效半径与脉动速度的时历变化曲线

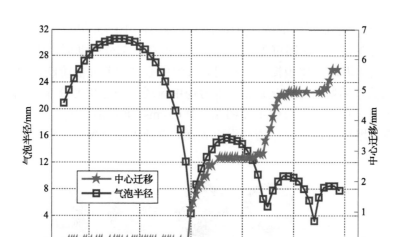

图 7.6 气泡等效半径与气泡中心迁移的时历变化曲线

7.3.2 气泡成分分析

图 7.7 对比了自由场下的电火花气泡和爆炸气泡无量纲半径，其中爆炸气泡数据取自 Hung 等[212]的自由场实验。根据文献[138]，无限水域中爆炸气泡最大半径与周期满足如下关系：

$$T_{\mathrm{osc}} = \frac{2\beta}{3} R_{\max} \sqrt{\frac{3\rho}{2P_H}} = 1.83 R_{\max} \sqrt{\frac{\rho}{P_H}} \tag{7.6}$$

式中，$R_{\max}$ 为气泡膨胀的最大半径；P_H 为爆炸深度处静水压力；ρ 为水密度；T_{osc} 为气泡脉动周期；常数 $\beta=2.2405$。由式（7.6）可知，爆炸气泡的无量纲周期约为 1.83，同图 7.7 中 Hung 等的爆炸气泡实验数据结果颇为一致，Rayleigh[31]基于理想气体假设推导得到了相同结论，同时也说明了爆炸气泡气体成分在计算中可以近似当作理想气体处理。然而对于电火花气泡，若不考虑气泡成分的影响，即令 $P_v = 0$，电火花气泡的无量纲周期同爆炸气泡具有很大差别，为对电火花气泡脉动周期进行修正，本节采用了计及可冷凝气体的如下公式[111]：

$$T_{\mathrm{osc}} = 1.83 R_{\max} \sqrt{\frac{\rho}{P_H - P_v}} \tag{7.7}$$

式中，P_v 为可冷凝气体的饱和蒸气压。当可冷凝气体的饱和蒸汽压 P_v 取为 20 kPa 时（温度约 60 ℃），电火花气泡脉动周期接近 1.83，P_v 的引入减弱了水蒸气造成的气泡差异，使我们所研究的气泡脉动规律具有普遍适用性。

不同于爆炸气泡，电火花气泡初始膨胀较慢，可能是由于电火花气泡形成并不是瞬间的，放电过程中往往伴随着电极的持续燃烧，气泡内气体的物质的量有个逐渐增加的过程，同气枪气泡的充气过程有些相似，而爆炸气泡化学反应更为剧烈，气泡往往被认为是引爆后瞬间形成的。若采用 $E_n = P_\infty \cdot (4\pi R_{m,n}^3 / 3)$ 估算气泡能量大小，其中，E_n 和 $R_{m,n}$ 分别是第 n 周期的气泡能量及最大半径，放电总能量（$CU^2/2$）中只有约 2% 用于气泡脉动，能量利用率较低，电火花气泡第二周期的总能量约为第一周期能量的 14%（爆炸气泡约为 35%[138,212]），第三周期总能量约为第二周期总能量的 25%，相比于爆炸气泡而言，电火花各周期间能量损失较多。

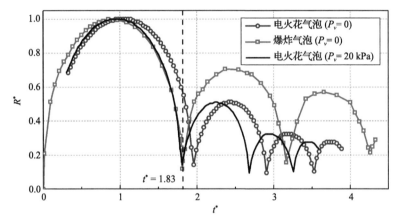

图 7.7　自由场电火花气泡和爆炸气泡无量纲半径对比[212]

*表示无量纲

7.4　近自由面气泡脉动特性

7.4.1　基本现象

根据 4.4 节的数值模拟可知，自由面对于气枪气泡的脉动具有显著影响，当气枪距自由面距离较大时，探测压力波通常具有较大的气泡脉冲（干扰信号），因此，工程中在保证气枪气泡不冲出水面的情况下，往往要尽可能减小气枪沉放深度的布置，但由于数值方法对于距自由面较近工况模拟比较困难，4.4 节并没有给出近自由面气枪气泡脉动的情况，本节基于电火花气泡系统地研究了自由面对气泡脉动的影响。图 7.8 为放电电压 1800 V、电容 400 μF 时的近自由面电火花气泡运动情况，实验测得气泡等效最大半径约为 27.75 mm，距离参数 γ_f 约为 0.85。

初始阶段膨胀气泡将周围流体推开，由于自由面所在方向压力较其他方向小，气泡沿该方向过度膨胀，致使气泡上表面被拉长、自由面被顶起，膨胀后期气泡上表面进入自由面内部，在自由面处形成了像屋顶一样的水冢形态（$t = 1.09$ ms）；

气泡膨胀后期，气泡中心线附近的自由液面高度持续增加，而远离中心线处的自由液面开始回落，当自由面切线夹角掉落至约 109° 时[213]，自由面运动被加速，顶端形成尖点，最终演化成了 4.64 ms 所示的尖瘦水柱，同时，在气泡上表面处形成了背向自由面的高速水射流，在坍塌后期，该水射流从气泡下表面穿出，气泡变成环形，尖瘦水柱与气泡内部射流的成因主要是水冢根部和气泡间形成的高压区所导致的。

如图 7.8（b）和（c）所示，随着环形气泡的回弹（$t = 4.81$ ms），气泡向外辐射脉动压力波，并以稀疏波的形式在自由面处形成反射，形成了大量的空化小气泡，同时隆起的自由液面根部有大量液滴被激起。随着气泡回弹高度不断增加，形成了飞溅的水裙形态，多倍气泡周期后，水裙上端最终演化成了一层薄薄的水膜，随着水裙一同升高，水裙的详细形成过程如图 7.9 所示，当水柱顶端距离自由面足够远时，顶端出现了珠化现象[214]。气泡上下左右顶点位移及气泡中心位置变化如图 7.10 所示，气泡左右对称性极好，膨胀初期气泡受自由面吸引中心略微上移，坍塌阶段气泡被自由面击退，快速远离自由面，并且第二周期的向下迁移速度明显比第一周期要快。

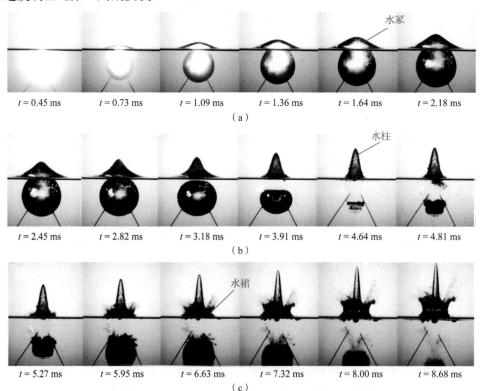

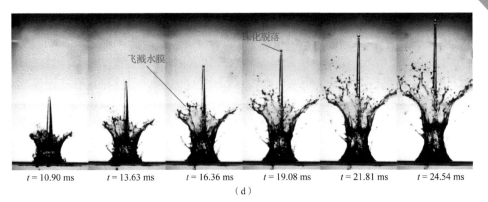

$t=10.90$ ms　　$t=13.63$ ms　　$t=16.36$ ms　　$t=19.08$ ms　　$t=21.81$ ms　　$t=24.54$ ms

(d)

图 7.8　近自由面的高压电火花气泡运动（$\gamma_f \approx 0.85$）[206]

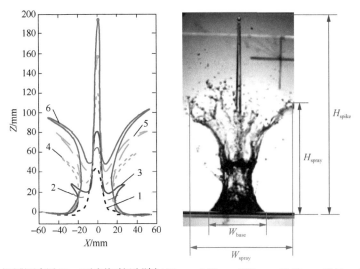

（a）水裙形成过程示意图（1～6对应的时间分别为4.98 ms、7.25 ms、9.06 ms、13.59 ms、18.11 ms 和22.64 ms）

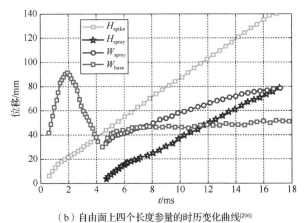

（b）自由面上四个长度参量的时历变化曲线[206]

图 7.9　水裙形成过程及纵向位移时历变化曲线

图 7.10 在隆起的自由面上定义了四个长度参量，分别表示水柱的高度 H_{spike}，水裙的高度 H_{spray}，水裙的宽度 W_{spray}，自由面根部宽度 W_{base}，它们对应的时历变化曲线如图 7.10（b）所示。由图可知，水柱和水裙都在初始阶段经历短暂加速，然后保持一个恒定速度持续升高。水柱（water spike）的最终稳定升高速度约为 8.19 m/s，对应的韦伯数 $We \approx 2.58 \times 10^4$，雷诺数 $Re \approx 2.25 \times 10^5$，水裙（water skirt）的最终稳定升高速度约为 5.75 m/s，对应的韦伯数 $We \approx 1.27 \times 10^4$、雷诺数 $Re \approx 1.57 \times 10^5$。自由面根部宽度的变化规律同气泡半径相似，在 2.0 ms 左右，气泡接近最大体积，W_{base} 达到最大值（约 91 mm），第二次最大值（约 46.08 mm）发生在 6.6 ms 左右。

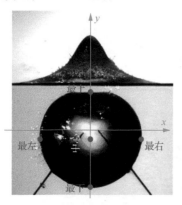
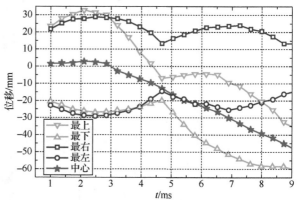

（a）测量点分布示意图　　　（b）气泡上下左右顶点位移及气泡中心位移变化时历曲线[206]

图 7.10　气泡表面测点分布及测点位移时历变化曲线

7.4.2　放电电压的影响

图 7.11 为不同放电电压下的电火花气泡与自由面的相互耦合作用，对应的电压分别为 1000 V、1400 V 和 1800 V，各工况的距离参数均约为 0.85，放电电压的增大提高了气泡脉动的初始能量 E_c，使得气泡能脉动到更大的体积。为了消除气泡的尺寸效应，图 7.11 中各工况图片的长度宽度均以各工况气泡的最大半径 R_m 为特征参量进行了比例缩放。当电压从 1000 V 增大到 1800 V 时，从气泡和自由面的形态变化上来看，各工况基本相似，在相同无量纲时间 t^* 下，自由面的无量纲高度基本相同，如 $t^*=4.80$ 时，约为三倍的气泡脉动周期，自由面的高度均为气泡最大半径 R_m 的四倍。

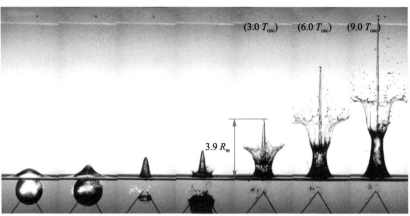

（a）$U = 1000$ V，$E_c = 200$ J，$R_m = 18.72$ mm，$T_{osc} = 3.04$ ms

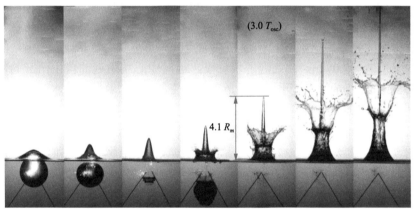

（b）$U = 1400$ V，$E_c = 392$ J，$R_m = 24.81$ mm，$T_{osc} = 3.63$ ms

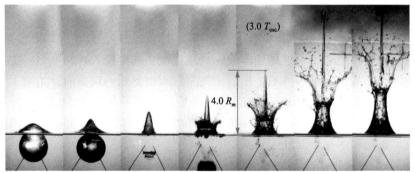

（c）$U = 1800$ V，$E_c = 648$ J，$R_m = 27.75$ mm，$T_{osc} = 4.59$ ms

图 7.11 不同放电电压相同距离参数下的气泡与自由面运动（$\gamma_f \approx 0.85$）[206]

图片的高度、宽度均以各自工况下的气泡最大半径 R_m 进行了比例缩放

7.4.3 距离参数对自由面的影响

图 7.12 描述了六种典型距离参数 γ_f 下的气泡与自由面的相互作用，放电电压均为 1800 V 左右，自由面伴随着一定程度的破碎发生，如破碎褶皱、飞溅水膜等不稳定现象，这是边界元法等无法模拟的。当气泡距离自由面足够近时（$\gamma_f = 0.45$），剧烈的气泡及自由面运动将突破表面张力的束缚，在膨胀后期气泡与上方大气连通，隆起的自由面顶端破碎严重（1.04 ms），随着气泡坍塌，气泡中心线附近自由面持续升高，远离中心线附近的自由面掉落（1.61 ms），在气泡坍塌后期形成一个非常不光滑的水柱（4.73 ms）。随着气泡回弹，水柱逐渐演化成满屏飞溅的水珠，后慢慢消失（14.19 ms），同时原水柱周围自由面迅速升高，形成了上表面极为不规整的水裙形态，周围液滴环绕。

图 7.12（b）对应的距离参数 γ_f 为 0.66，初始气泡快速膨胀，自由面隆起形成屋顶一样的自由面形态，膨胀后期气泡顶部逐渐进入隆起的自由面内部，同时随着自由面的升高，皱纹在自由面顶端尖点开始形成（1.48 ms），并由水柱尖点逐渐向下扩散（2.07 ms）；气泡坍塌阶段，远离中心线附近的自由面开始回落，形成如 3.34 ms 所示的尖瘦水柱，不光滑的水柱表面分布着散乱的水刺（4.51 ms）；随着气泡回弹，这些水刺逐渐演化成了一些不规则的水膜，围绕在水柱周围，同上一个工况（$\gamma_f = 0.45$）一样，水柱根部隆起了飞溅形的水裙，具有极不光滑的顶部[198]。

图 7.12（c）对应的 γ_f 为 0.89 工况，随着气泡不断膨胀，气泡正上方自由面向上隆起，气泡收缩时，在 Bjerknes 力作用下气泡形成向下射流，自由面形成明显水柱，高度不断上升，水柱外表面虽然有很多毛刺，但没有向外飞溅，4.80 ms 气泡开始回弹，水裙出现，同上一工况（$\gamma_f = 0.66$）一样，但该水裙并不是以一个整体向上运动，而是先在水裙的外缘形成飞溅，然后再形成一个像围裙一样的水柱，最终该飞溅变成了水裙上一层薄薄的"水膜"（21.98 ms）。

图 7.12（d）对应的距离参数 γ_f 为 1.15，气泡膨胀阶段自由面向上微微隆起，气泡坍塌阶段，上述水冢继续变形演化，宽度变小高度变大；回弹后，中心水柱周围出现了不规则的液滴飞溅，然后该飞溅液滴根部处的自由面开始向上升起，形成水裙；初期不规则的液滴飞溅现象，到后期变成了薄薄的"水膜"，并且该水膜具有比中心水柱更大的速度，后期水膜将水柱吞没（27.35 ms），水膜内部形成一凹坑，水裙和水柱仍在继续升高。

图 7.12（e）对应的距离参数 γ_f 为 1.25，在第一周期形成的中心水柱只是使得自由面微微向上隆起，很快被回弹时自由面形成的水裙吞没，消失不见，在 57.60 ms 形成了"冲天型水冢"。图 7.12（f）对应的距离参数 γ_f 为 1.53，水柱和回弹时形成的水裙速度更低，形态变化极为缓慢，$t = 110.80$ ms 时，自由面有较大隆起，称之为"丘型水冢"。

（a）$\gamma_f = 0.45$, $R_m = 27.39$ mm, $T_{osc} = 4.73$ ms

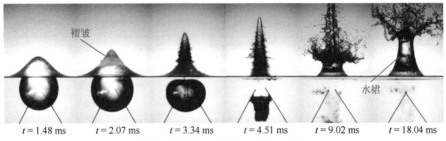

（b）$\gamma_f = 0.66$, $R_m = 28.09$ mm, $T_{osc} = 4.51$ ms

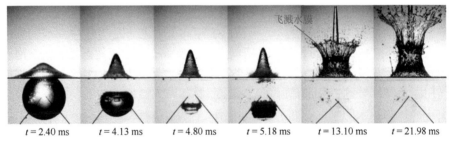

（c）$\gamma_f = 0.89$, $R_m = 28.73$ mm, $T_{osc} = 4.80$ ms

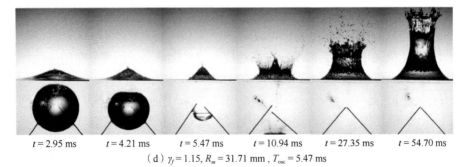

（d）$\gamma_f = 1.15$, $R_m = 31.71$ mm, $T_{osc} = 5.47$ ms

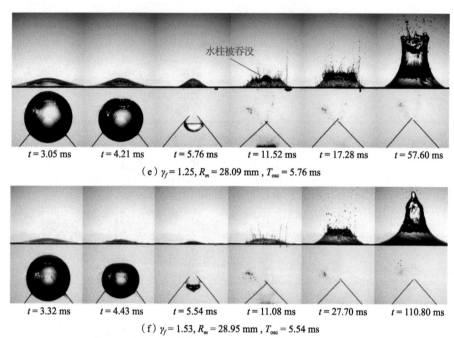

（e）$\gamma_f = 1.25$，$R_m = 28.09$ mm，$T_{osc} = 5.76$ ms

（f）$\gamma_f = 1.53$，$R_m = 28.95$ mm，$T_{osc} = 5.54$ ms

图 7.12　不同距离参数下的气泡与自由面相互作用[206]

　　图 7.13 为不同距离参数下的水柱高度时历变化曲线，在气泡膨胀阶段，自由面受到向上的推力大于自身重力，自由面加速向上运动（图 7.13 中曲线的斜率逐渐增大），而随着自由面的升高，水柱顶点到气泡中心的距离逐渐增大，气泡对周围流场的推力也随着气泡膨胀逐渐减小，当推力小于重力时，虽然中心水柱在惯性作用下会继续升高,但上升速度已在逐渐减弱(图 7.13 中曲线的斜率逐渐减小)。对于距离参数较大的工况，如 $\gamma_f = 1.30$、$\gamma_f = 1.60$，水柱高度曲线的斜率会出现零值，出现"水冢掉落"现象。在气泡坍塌阶段，与上述情况相反，初始重力大于推力，流体加速掉落，后由于气泡内压增高，流场压力增大，大于重力后流体会减速掉落。气泡回弹后，自由面将重复上述过程，只是随着水柱和自由面距离增大，它们之间的相互作用也会出现减弱。

　　图 7.14 描述了自由面的稳定升高速度与自由面形态随距离参数的变化，图中还统计了 Pearson 等[107]和 Li 等[133]的数据结果作为对比，图中速度以特征量 $\sqrt{\rho/(P_\infty - P_v)}$ 进行了无量纲。由图 7.14 可知，本章实验数据结果同 Pearson 等[107]和 Li 等[133]结果较为一致。综合分析距离参数对水冢形态的影响，我们发现：当 $\gamma_f < 0.75$ 时，水柱和水裙的飞溅现象都极为严重，水柱的飞溅是以水柱为中心的柱形飞溅，而且初始气泡中心距自由面越近，水刺飞溅速度越大，飞溅现象越严重，水裙的飞溅是指水裙上端以液滴形式向上飞溅,运动极不规则；当 $0.8 < \gamma_f < 1.2$ 时，中心水柱表面不再向外飞溅水刺，水裙的飞溅也变得有规律，最终在水裙上

端形成薄薄的一层水膜；当 $\gamma_f < 1.3$ 时，水裙和水柱的飞溅现象都消失。但若不考虑水裙和水柱的飞溅，水冢同 202 V 低电压实验[215]相同距离参数工况所形成的水冢相似，只是并无高压试验下的水柱飞溅现象。

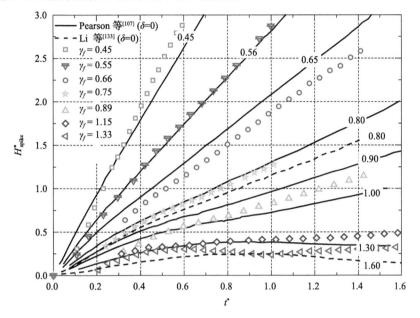

图 7.13　不同距离参数 γ_f 下单气泡脉动引起的自由面水柱高度时历变化曲线[206]

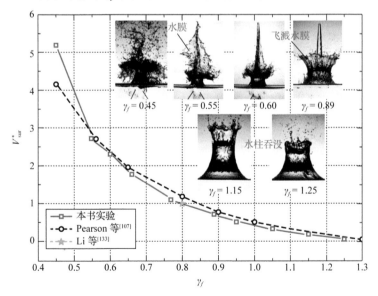

图 7.14　不同距离参数 γ_f 下自由面水柱稳定升高速度与自由面形态统计[206]

7.4.4 距离参数对气泡脉动影响

图 7.15 描述了四种典型距离参数 γ_f 下的自由面对气泡脉动形态的影响，距离参数分别为 0.66、0.75、0.89 和 1.15。当距离参数小于 1.0 时，如图 7.15 (a)、(b) 和 (c) 所示，膨胀阶段气泡顶部会进入隆起的自由面内部，坍塌阶段气泡内凹明显，形成显著的高速水射流；随着距离参数 γ_f 的增加，射流越来越宽、形成时间越来越晚，射流顶端并不光滑，存在液体堆积的褶皱（$\gamma_f = 0.66$、$\gamma_f = 0.75$），而大多数的数值计算都没有成功地模拟出这种现象[107,133]，该现象可能是由于水射流顶部和根部速度不均导致的，使得水射流在尖端堆积；水射流穿透气泡下表面后，气泡变成环形并以环形继续坍塌一段时间，同时部分气体伴随射流从气泡内部穿出，并围绕在射流周围形成了花环形的气泡下端突出物。

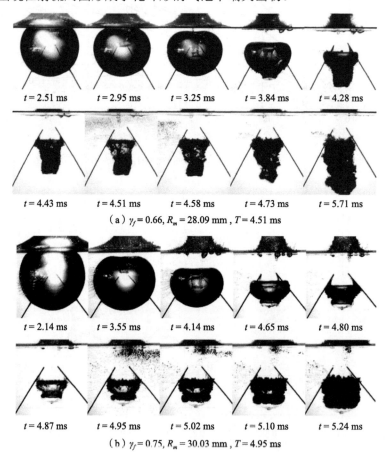

$t = 2.51$ ms　$t = 2.95$ ms　$t = 3.25$ ms　$t = 3.84$ ms　$t = 4.28$ ms

$t = 4.43$ ms　$t = 4.51$ ms　$t = 4.58$ ms　$t = 4.73$ ms　$t = 5.71$ ms

（a）$\gamma_f = 0.66$, $R_m = 28.09$ mm, $T = 4.51$ ms

$t = 2.14$ ms　$t = 3.55$ ms　$t = 4.14$ ms　$t = 4.65$ ms　$t = 4.80$ ms

$t = 4.87$ ms　$t = 4.95$ ms　$t = 5.02$ ms　$t = 5.10$ ms　$t = 5.24$ ms

（b）$\gamma_f = 0.75$, $R_m = 30.03$ mm, $T = 4.95$ ms

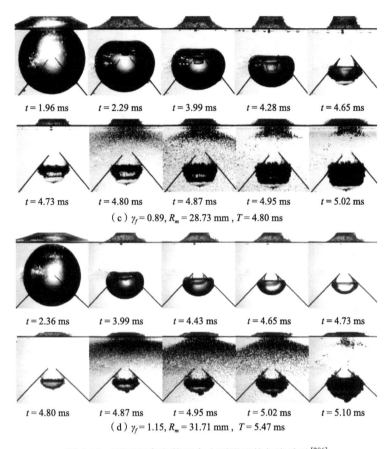

$t = 1.96$ ms　　$t = 2.29$ ms　　$t = 3.99$ ms　　$t = 4.28$ ms　　$t = 4.65$ ms

$t = 4.73$ ms　　$t = 4.80$ ms　　$t = 4.87$ ms　　$t = 4.95$ ms　　$t = 5.02$ ms

（c）$\gamma_f = 0.89$, $R_m = 28.73$ mm , $T = 4.80$ ms

$t = 2.36$ ms　　$t = 3.99$ ms　　$t = 4.43$ ms　　$t = 4.65$ ms　　$t = 4.73$ ms

$t = 4.80$ ms　　$t = 4.87$ ms　　$t = 4.95$ ms　　$t = 5.02$ ms　　$t = 5.10$ ms

（d）$\gamma_f = 1.15$, $R_m = 31.71$ mm , $T = 5.47$ ms

图 7.15　不同距离参数下自由面附近的气泡脉动[206]

　　气泡回弹瞬间，在自由面与气泡中间的流场瞬间生成大量黑点，实际上这些黑点是一个个的小气核，是由气泡回弹过程中向外辐射的压力波脉冲所导致的[167]，压力波在自由面处反射形成稀疏波，使得气泡周围局部地区压力降低至临界空化压力以下，在气泡周围形成大量空化小气泡。当距离参数增加到 1.15，气泡在膨胀过程中始终与自由面保持独立，在气泡坍塌后期，气泡内凹形成一个相当宽的水射流，有趣的是射流并未穿透气泡表面，而是形成了如 $t = 4.80$ ms 所示的碗状气泡形态，气泡回弹瞬间，相比于上一工况（$\gamma_f = 0.89$），气泡周围形成了更多的黑点。为更加详细地了解距离参数对气泡脉动形态的影响，图 7.16 根据图 7.15 气泡演化过程对气泡和自由面轮廓进行了提取。

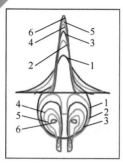
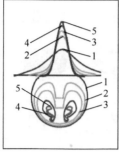
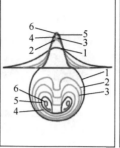
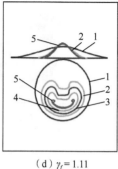

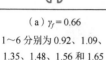

（a）$\gamma_f = 0.66$　　（b）$\gamma_f = 0.75$　　（c）$\gamma_f = 0.89$　　（d）$\gamma_f = 1.11$

1～6 分别为 0.92、1.09、　1～5 分别为 0.71、1.29、　1～6 分别为 0.80、1.25、　1～5 分别为 0.79、1.49、
1.35、1.48、1.56 和 1.65　　1.39、1.56 和 1.66　　1.39、1.48、1.59 和 1.67　　1.56、1.59 和 1.64

图 7.16　不同距离参数 γ_f 下的气泡坍塌轮廓线[206]

7.5　近刚性边界气泡脉动特性

7.5.1　基本现象

图 7.17 为放电电压 1800 V、电容 400 μF 时，气泡与水平刚性壁面的相互作用，距离参数 $\gamma_b = 0.97$，气泡最大等效半径约 31.05 mm，对应的浮力参数 $\delta \approx 0.062$。膨胀初期同自由场一样，气泡推开周围流体呈球形脉动，随着气泡下表面与壁面距离减小，气泡下表面受到排斥逐渐变得扁平，3.00 ms 气泡体积达到最大，气泡的动能完全转化为了流体的势能。坍塌阶段，气泡周围流体反向流动向气泡中心聚拢，由于刚性壁面对水流的阻碍，气泡两侧根部位置收缩较快（如第 6 帧图中箭头所示），可能在该区域气泡表面附近形成了高压区[216-217]，且该高压区一路向上迁移，导致气泡变成了 5.56 ms 所示的"上尖下宽"气泡形态。当高压区迁移到气泡中轴线远离壁面一侧时，气泡上部开始内凹，形成了一股圆锥形的高速水射流，射流速度约为 150 m/s，快速穿出气泡下表面，形成了 6.07 ms 所示的环形气泡，然后气泡以环形继续坍塌。6.11 ms 射流水柱与壁面接触，对壁面产生冲击（冲击过程如第 13～18 帧），同时围绕在射流水柱周围的下环形气泡开始沿壁面迅速膨胀，直至 6.49 ms 环形气泡从中部撕裂，形成上下两环形气泡，并开始回弹。

气泡上 A、B、C、D、E 五点的位移时历曲线如图 7.18 所示（$U = 1800$ V，$C = 400$ μF），A 为气泡上顶点，B 为下顶点，气泡中心 C 用顶点 A、B 连线中点近似代替，D、E 是与中心 C 同高处的气泡水平延伸的最远距离。由图 7.18 可知，气泡左右对称性极好，在气泡膨胀和大部分坍塌过程中，气泡中心基本保持不变，直到气泡坍塌后期，上表面收缩速度加快，气泡中心快速向下迁移。

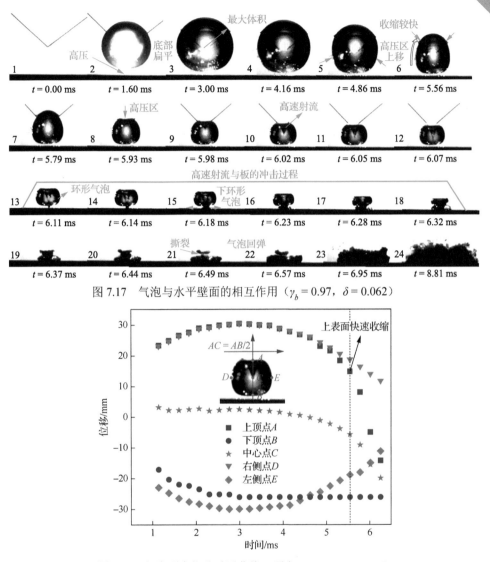

图 7.17　气泡与水平壁面的相互作用（$\gamma_b = 0.97$，$\delta = 0.062$）

图 7.18　气泡顶点位移时历曲线（顶点 A、B、C、D、E）

7.5.2　距离参数的影响

　　射流速度可能是造成结构毁伤的一个重要原因，为找到距离参数的临界值，使得射流速度达到最大值，图 7.19 研究了不同距离参数下的气泡与水平刚性壁面的相互作用，放电电压均为 1800 V、电容 400 μF，气泡最大等效半径 R_m 约为 30.00 mm，浮力参数即为 0.061，各工况距离参数分别为 0.17、0.35、0.71、0.97、1.09。当气泡距刚性壁面极近时，如图 7.19（a）、（b）所示，在膨胀阶段气泡将与壁面接触，形成紧贴壁面的非球形气泡，气泡表面的固-液-气三相交界处微微向上弯曲，当气泡达到最大容积后，气泡开始逐渐收缩，流场高压区从无穷远处回落到气泡表面，在气泡上方背离刚性壁面处形成一个高压驻点，使得气泡内凹形成指向壁面的高速水射流，因该射流直接作用于刚性壁面，被称为"接触射流"[115]。一方面，近壁面气泡脉动是造成船舶及水下潜器螺旋桨腐蚀的主要原因[157,161]；另一方面，近壁面气泡脉动的研究对于船舶微气泡减阻也是十分有意义[218-219]，但是受限于气泡的透明程度，关于近壁面气泡及接触射流研究相对较少。

当距离参数大于 0.6 时，如图 7.19（c）、（d）、（e）所示，膨胀阶段气泡与壁面并不接触，随着气泡膨胀，气泡底部形成一个高压区，气泡下部变得扁平，趋于与壁面平行，但始终与壁面保持分离，坍塌形成的射流并不与壁面直接作用，射流穿透气泡下表面后，射流速度达到最大，再经过气泡与壁面间水层缓冲，最后冲击于壁面。随着距离参数增大，气泡膨胀至最大体积时刻气泡下表面曲率逐渐增加，坍塌阶段形成的射流均近似为圆锥形，各工况对应的射流速度分别为 70 m/s、92 m/s、135 m/s、150 m/s、119 m/s，射流速度在距离参数 0.7～0.9 之间可能存在最大值。

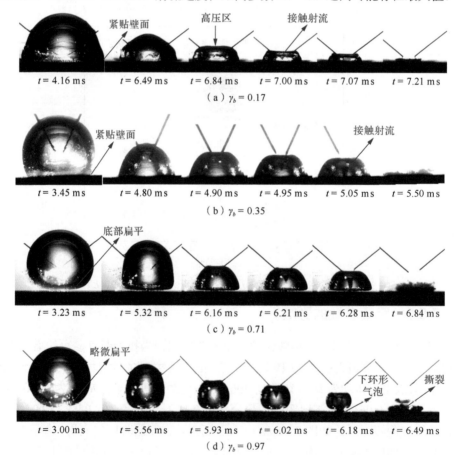

（a）$\gamma_b = 0.17$

（b）$\gamma_b = 0.35$

（c）$\gamma_b = 0.71$

（d）$\gamma_b = 0.97$

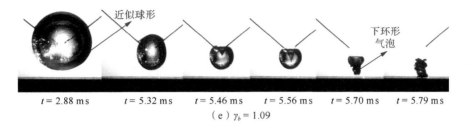

$t = 2.88\,\text{ms}$　　$t = 5.32\,\text{ms}$　　$t = 5.46\,\text{ms}$　　$t = 5.56\,\text{ms}$　　$t = 5.70\,\text{ms}$　　$t = 5.79\,\text{ms}$

(e) $\gamma_b = 1.09$

图 7.19　不同距离参数下气泡与水平壁面的相互作用[207]

7.5.3　竖直刚性壁面的影响

气枪气泡的形成及脉动过程，并不能简单的近似为自由场气泡，在脉动过程中往往要受到周围枪体和枪架等的影响，不同枪型往往具有不同枪体结构，本节从气泡与刚性壁面作用的基本机理出发，近似地研究了边界对气枪气泡形态及脉动周期等的影响。图 7.20 为气泡与竖直刚性壁面的相互作用，$\gamma_b = 0.78$，气泡最大半径约 27.50 mm，对气泡的影响很小。膨胀初期气泡推开周围流体呈球形脉动，随着气泡继续膨胀，气泡贴近壁面一侧逐渐变扁平，趋于与壁面平行，形成了如 3.30 ms 所示的球缺形气泡。气泡坍塌开始后，在高压区作用下气泡变成了紧贴壁面的圆锥形，并且左侧顶点开始快速坍塌内凹，进入气泡内部形成指向壁面射流，射流速度约为 118 m/s。

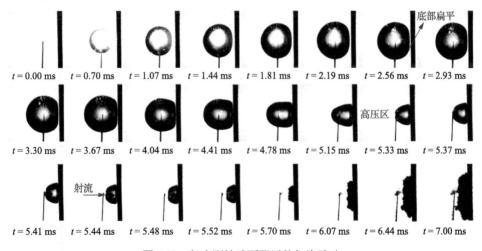

$t = 0.00\,\text{ms}$　$t = 0.70\,\text{ms}$　$t = 1.07\,\text{ms}$　$t = 1.44\,\text{ms}$　$t = 1.81\,\text{ms}$　$t = 2.19\,\text{ms}$　$t = 2.56\,\text{ms}$　$t = 2.93\,\text{ms}$

$t = 3.30\,\text{ms}$　$t = 3.67\,\text{ms}$　$t = 4.04\,\text{ms}$　$t = 4.41\,\text{ms}$　$t = 4.78\,\text{ms}$　$t = 5.15\,\text{ms}$　$t = 5.33\,\text{ms}$　$t = 5.37\,\text{ms}$

$t = 5.41\,\text{ms}$　$t = 5.44\,\text{ms}$　$t = 5.48\,\text{ms}$　$t = 5.52\,\text{ms}$　$t = 5.70\,\text{ms}$　$t = 6.07\,\text{ms}$　$t = 6.44\,\text{ms}$　$t = 7.00\,\text{ms}$

图 7.20　竖直刚性壁面附近的气泡脉动

在弱浮力情况下，气泡与竖直壁面的相互作用同气泡和水平壁面的作用相似，为进一步研究气泡脉动、迁移等特性，图 7.21 描述了气泡上下左右四点位移，其中 D 点和 E 点为气泡左右两侧最远延伸距离，C 点为 D 和 E 的中点，近似为气泡中心，A 点和 B 点为过气泡中心 C 的、垂线与气泡表面的交点。由图可知，同一时刻 A 点、B 点位移大小相近，气泡上下对称性极好；在气泡膨胀后期，D 点位移开始保持不变，始终与壁面保持相同距离；在接近气泡坍塌后期，气泡左顶点开始迅速坍塌、内凹，形成指向壁面射流，同时气泡中心快速向壁面方向靠拢。

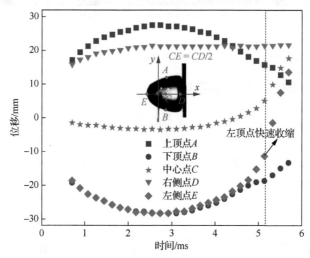

图 7.21　气泡与竖直壁面的相互作用（$\gamma_b = 0.78$）

7.6　近自由面和壁面气泡脉动特性

7.6.1　基本现象

图 7.22 列举了壁面与自由面联合作用下的典型气泡脉动形态（$U = 1500\ \text{V}$，$C = 400\ \mu\text{F}$），初始气泡中心距壁面 23.66 mm、距自由面 28.73 mm，气泡形态变化极其不规则，气泡等效最大半径 R_m 约为 26.26 mm，即距离参数 $\gamma_b = 0.90$、$\gamma_f = 1.09$，浮力参数 $\delta \approx 0.057$。脉动气泡同时受到左侧壁面和自由面的 Bjerknes 力作用，膨胀阶段，气泡靠近壁面一侧变得扁平，靠近自由面一侧被吸入水冢，值得注意的是膨胀后期，被抬起的自由面在壁面附近形成了一个新的尖凸起，被称为"侧水冢"。随着气泡坍塌，侧水冢与主水冢高度快速增加，形成了 3.77 ms 所示的带凹槽的水冢形态，并且在侧水冢根部、紧贴自由面处形成一处空穴，随着自由面升高，空穴范围越来越大。坍塌后期，气泡右上侧表面内凹，形成了 4.15 ms 时右斜约 20° 的斜向射流，4.61 ms 时从气泡下表面穿出，气泡变成环形。

主水冢、侧水冢和空穴形成的具体原因解释如下：初始阶段，气泡在内部高压驱动下将周围水推开，随着气泡体积增加，气泡内压逐渐减小，但是即便气泡内压低于周围流体环境压力，气泡在惯性作用下将继续膨胀，根据文献[220]，壁面阻碍了气泡膨胀过程中的流体流动，使得壁面附近形成高压驻点，在高压驻点的作用下，流体由沿气泡径向运动转为沿壁面切向运动，使得靠近壁面一侧的气泡表面变得扁平。沿壁面切向运动的流体在朝向自由面一侧运动时，受到了更小的运动阻力，使得气泡沿自由面方向过度膨胀，自由面逐渐被抬起（$t = 1.00 \sim 2.61$ ms），为自由面侧水冢和主水冢的形成奠定了基础，而且壁面存在对流体运动的摩擦阻力，阻碍了紧贴壁面流体的向上爬行，这可能是侧水冢与刚性壁面之间存在缝隙的主要原因。气泡坍塌阶段，流体高压从无穷远向气泡转移，流体逐渐朝气泡中心汇聚，在摩擦阻力作用下，膨胀阶段自由面与壁面交界面处流体爬升缓慢，气泡收缩时使其先于其他部分朝向气泡运动，致使自由面与壁面交界处形成空穴（$t = 4.15 \sim 4.69$ ms）。

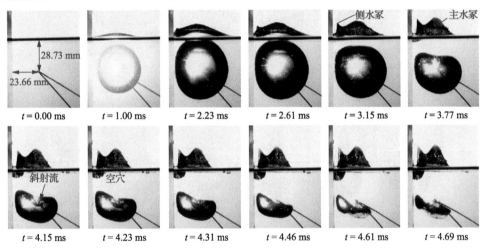

图 7.22　壁面与自由面联合作用下的气泡形态变化（$\gamma_b = 0.90$、$\gamma_f = 1.09$）[207]

7.6.2　距离参数的影响

图 7.23 描述了不同距离参数 γ_b、相同距离参数 γ_f（约 0.80）下气泡与刚性壁面及自由面的相互作用，气泡最大半径约为 26.26 mm，浮力参数约为 0.051。当距离参数 γ_b 等于 0.43 和 0.63 时，膨胀后期气泡紧紧贴附在壁面上，坍塌过程中气泡内部形成斜向下的射流，并从气泡左下表面穿出，自由面上形成的侧水冢和主水冢两处明显凸起，且侧水冢高度大于主水冢，并且在气泡回弹时刻，壁面与自由面处出现了严重的飞溅现象；当距离参数 γ_b 增加到 1.36，壁面对气泡的影响减弱，射流倾斜角度减小，侧水冢和飞溅现象基本消失，主水冢和侧水冢间水槽长度进一步增大。

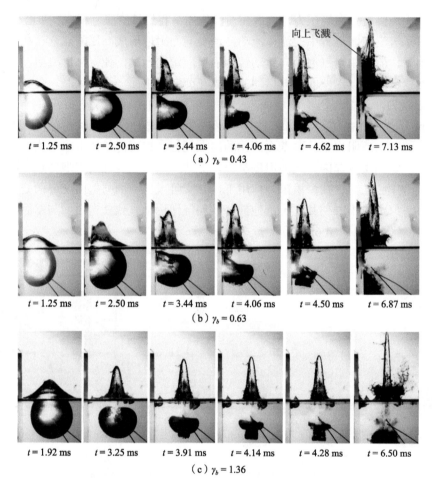

图 7.23　竖直壁面与自由面联合作用下的气泡脉动（γ_b 不同、γ_f 相同）[207]

7.6.3　倾斜角度的影响

图 7.24 为有倾角的刚性壁面与自由面联合作用下的气泡脉动，气泡到自由面的距离参数 γ_f 约为 0.90，气泡到倾斜壁面的垂直距离参数 γ_b 分别为 1.21 和 0.45。在倾斜壁面与自由面的联合作用下，膨胀阶段近壁面气泡表面逐渐与壁面平行，对于距离参数较小的 $\gamma_b = 0.45$ 工况，膨胀阶段气泡与壁面间的水膜消失，气泡紧贴壁面并沿壁面切向运动。坍塌阶段气泡内部形成了明显的斜射流，当 $\gamma_b = 1.21$ 时，似乎气泡受自由面影响较为明显，内部形成的射流方向与竖直方向的夹角并不大，而当 $\gamma_b = 0.45$ 时，气泡内部形成了接触射流，并且射流方向更偏向于垂直壁面。

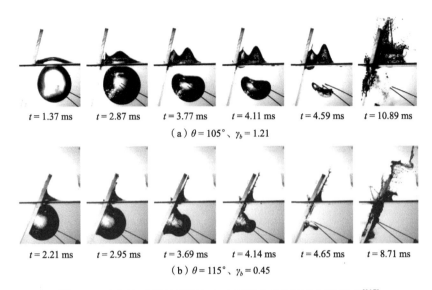

$t = 1.37$ ms　　$t = 2.87$ ms　　$t = 3.77$ ms　　$t = 4.11$ ms　　$t = 4.59$ ms　　$t = 10.89$ ms

（a）$\theta = 105°$、$\gamma_b = 1.21$

$t = 2.21$ ms　　$t = 2.95$ ms　　$t = 3.69$ ms　　$t = 4.14$ ms　　$t = 4.65$ ms　　$t = 8.71$ ms

（b）$\theta = 115°$、$\gamma_b = 0.45$

图 7.24　有倾角的刚性壁面与自由面联合作用下的气泡脉动[207]

7.7　边界对气泡动力学特性的影响分析

7.7.1　最大气泡半径

尽管边界的存在对气泡形态影响较大，但纵观自由面和刚性壁面与气泡的相互作用，气泡最大半径似乎受边界影响不大，反而受放电电压 U 的影响更为显著，放电电压 U 的增大使得气泡获得了膨胀至更大容积的初始能量，所以更准确的描述为：随着放电能量 E（$CU^2/2$）的增加、气泡最大半径 R_m 逐渐增大。如图 7.25 所示，图中对比了不同放电能量下的气泡最大半径，其中包括 Turangan 等[118]、Cui 等[221]、Zhang 等[215]和 Hajizadeh 等[170]的数据结果。此外，为定量分析最大半径 R_m 与放电能量 E 的关系，我们采用了 Obreschkow 等[172]的方程如下：

$$\eta_{\text{conv}} \cdot E = \frac{4}{3} \pi R_m^3 \cdot \left(p_{\text{amb}} - P_v \right) \tag{7.8}$$

式中，η_{conv} 表示放电能量和气泡初始能量的比值，即放电能量的有效利用率。根据电火花气泡结果进行插值，我们即可计算出 η_{conv} 的值，约为 0.012，则式（7.8）对应于图 7.25 中的黑色实线，经对比发现，实验数据与理论拟合曲线吻合较好。

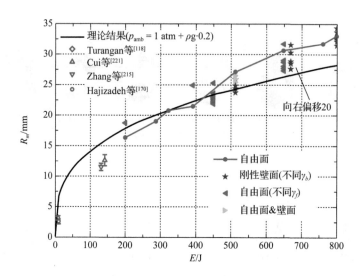

图 7.25 不同放电能量下的气泡最大半径[207]

7.7.2 气泡脉动周期

图 7.26 对比了不同边界条件下的气泡第一脉动周期，图中还包括 Lauterborn 等[222]、Shima 等[223]、Blake 等[108]、Wang[224]、Robinson 等[103]、Tomita 等[159]、Pearson 等[107]、Hung 等[212]、Yang 等[225] 和 Li 等[133]的数据结果，图中曲线的横坐标为气泡距边界的无量纲距离（γ_b 或 γ_f），纵坐标为无量纲化的气泡脉动周期 t^*_{osc}，根据下式计算得到：

$$t^*_{osc} = \frac{T_{osc}}{R_m\sqrt{\rho/(p_{amb} - p_v)}}. \qquad (7.9)$$

式中，T_{osc} 为气泡脉动的第一周期；p_v 为可冷凝气体饱和蒸汽压[117]，综合自由场电火花气泡、壁面附近的电火花气泡以及自由面附近的电火花气泡脉动实验，这里 p_v 被取为 10 kPa。图 7.26 中黑色横虚线（$t^*_{osc} = 1.83$）为 Rayleigh 气泡的无量纲周期[138]，从图中实心圆点标记的红色实线来看，自由面作用下的气泡脉动周期小于 1.83，而从图中空心方块标记的红色实线来看，壁面作用下的气泡脉动周期大于 1.83，并且本章电火花气泡实验数同各文献中结果大体吻合。

基于图 7.26 中所有实验数据，本节对刚性壁面和自由面作用下的气泡脉动周期进行了拟合，得到了以气泡同边界的、无量纲距离为自变量的气泡脉动周期公式。当气泡与自由面的无量纲距离 γ_b 为 0.5~4.0 时，气泡脉动周期近似满足：

$$t^*_{osc} = 1.83 + 0.20/\gamma_b \qquad (7.10)$$

当气泡与自由面无量纲距离 γ_f 的变化从 0.5 到 4.0 时，气泡脉动周期满足：

$$t^*_{osc} = 1.83 - 0.30/\gamma_f \qquad (7.11)$$

对于自由面与壁面联合作用下的气泡脉动，周期似乎受自由面影响更为严重，只是由于壁面的存在，联合作用下的气泡脉动周期会相比于自由面单独作用下略大，但大体上还是小于 1.83。

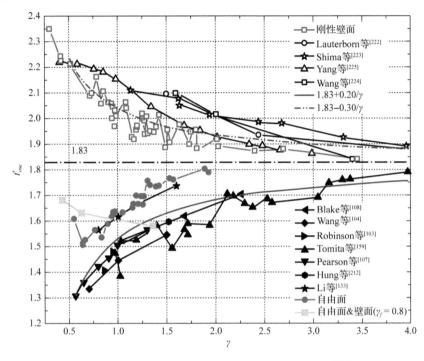

图 7.26　不同边界条件下气泡的第一脉动周期对比[207]

7.7.3　射流尖端速度

本节的射流速度指的是气泡脉动过程中射流尖端的最大速度，实验中利用任意相邻两幅含有清晰射流的图片进行测量，射流速度 v_{jet} 近似等于射流尖端位移 S_{jet} 与相邻图片时间间隔 Δt 的比值，然后根据各射流速度的值找出最大值，即为图 7.27 中纵坐标的值，Blake 等[110]、Tomita 等[168]和 Philipp 等[157]的结果亦包含在图 7.27 中。由图可见，相比于自由面作用下的气泡射流速度，刚性边界作用下的最大气泡射流速度较大。当 $\gamma_b < 0.4$ 或 $1.0 < \gamma_b < 1.4$ 时，最大射流速度 v_{jet} 随气泡与壁面间的无量纲距离 γ_b 的增大而减小，对于距离参数 γ_b 处于 0.4～1.0 时，可能存在一个临界值，使得射流速度达到一个极大值。根据本章电火花气泡实验结果来看，临界值约为 0.9。利用五阶多项式对射流速度 v_{jet} 进行拟合，则 v_{jet} 随 γ_b 的变化如同图 7.27 中蓝色实线所示。

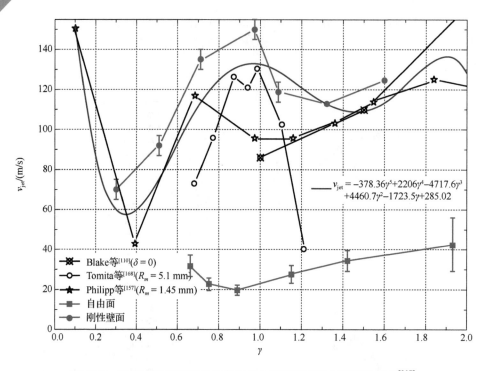

图 7.27　不同边界作用下射流尖端最大速度随无量纲距离的变化[207]

7.7.4　气泡中心迁移

不同距离参数下（γ_b 或 γ_f）气泡中心迁移变化时历曲线如图 7.28 所示，图中纵坐标为无量纲的气泡中心位移 z^*，特征参量为气泡最大半径 R_m，图中横坐标为时间的无量纲 t^*。图中 Wang[224] 和 Pearson 等[112] 的数值模拟结果用于同本章电火花气泡实验对比。为了增大浮力参数，放电电压增大到 2000 V，气泡最大半径高达 34 mm（$\delta \approx 0.600$），水槽底面被直接当作刚性壁面使用，水槽中水深为 400 mm，初始气泡中心位于水槽中央，即距四周侧壁为 250 mm（大于 $7R_m$），根据文献[206]，侧壁的影响可以忽略不计。

对于气泡与自由面的相互作用，气泡初始受自由面吸引微微向上迁移，坍塌阶段气泡受自由面排斥，逐渐远离自由面，从第一周期到第二周期，气泡中心迁移明显加速，且距离参数 γ_f 越小，气泡中心迁移的越快。对于气泡与刚性壁面的相互作用，第一个周期内气泡中心基本保持不变，在气泡坍塌至体积接近最小，气泡中心发生快速迁移。当距离参数约为 2.01 时，气泡从中部发生撕裂迁移位移反向；当距离参数大于 2.01 时，气泡逐渐远离刚性壁面，而当 γ_b 小于 2.01 时恰好相反。由于浮力效应较为明显，本章实验结果同 Wang 等[224]（$\delta = 0$）和 Pearson 等[112]（$\delta = 0.012$）具有明显差别，Blake 等[108] 对气泡反向迁移的临界值进行了理论预测，气泡中部撕裂将发生在 $\delta \cdot \gamma_b = 0.442$，如前所述，本章试验的浮力参数不超过 0.07（$p_v$ 取为 10 kPa），所以 $\delta \cdot \gamma_b$ 的值并没有达到 0.14。

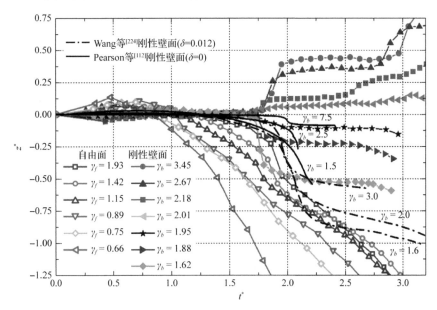

图 7.28　不同距离参数下无量纲化的气泡中心迁移位移 z^* 时历变化曲线[207]

　　一个可能的原因是初始气泡形状并非球形，不同于 Blake 的临界距离计算过程中采用的球形气泡假设，电火花气泡是电极尖端水下放电形成的，而两电极中间存在一个较窄的缝隙，放电瞬间电极周围的水被迅速电离，生成大量高温高压的等离子体，使得周围的水迅速汽化，形成了电火花气泡，由于放电瞬间伴随着大量白光的释放，初始气泡形状很难观察，当放电电压增加到 2000 V 时，电极的抖动比低压放电时更为剧烈，更加促进了非球形初始气泡的形成。根据 Lim 等[226]的非球形激光气泡研究，气泡初始非球形确实对气泡形态和中心迁移影响较大，如当初始气泡形状为椭圆形或方形时，气泡最大半径为百微米量级，浮力效应基本可以忽略不计，但是在自由场中脉动的气泡最后依然从中部撕裂成了两部分，当初始气泡形状为椭圆形或方形。Zhang 等[227]研究了柱形装药水下爆炸气泡，初始起爆形状为圆柱形，气泡最大半径 R_m 高达 0.275 m，浮力参数 δ 约为 0.15，根据其实验结果发现当距离参数约为 1.2 时，刚性壁面和浮力效应可以大致相互抵消。

　　另一个可能的原因也许是电极燃烧导致的气泡持续充气，气泡并不是像 Blake 等[108]所假设的一样瞬间形成的。我们相信引起本章实验数据同 Blake 准则差别的可能原因还有很多，毕竟电火花气泡实验结果同理想条件下的 Blake 准则有很多的不同，这里我们只挑出了两个最有可能的原因进行了解释，实际上可能的原因还包括气泡内部气体成分、刚性壁面的尺寸以及水槽中水的含气量等。当有了更先进的实验设备，我们将对该部分进行更深入的研究。

7.8 本 章 小 结

电火花震源是浅海资源勘探中一种常用的探测源，而且实验也是气泡脉动机理研究的最直观的手段。本章自主设计了可调式高电压大尺度电火花气泡实验装置，该装置相比于传统的电火花气泡实验装置，具有更高的放电能量和更大的气泡尺寸，可以更加清晰地观察到气泡内部的射流。结合高速摄影技术和高压电火花气泡实验装置，本章系统研究了不同边界对电火花气泡脉动的影响，并着重分析气泡形态、周期、射流、迁移随距离参数的变化，发现的一些现象和基本规律总结如下：

（1）等效气泡最大半径似乎受边界影响较小，受放电能量影响较大，如果采用 $\eta_{conv} \cdot E = 4\pi R_m^3/3 \cdot (p_{amb} + \rho g H_0 - p_v)$ 对气泡脉动能量进行估算，那么电火花气泡放电装置的能量有效率不超过 2%。

（2）相比于同工况的自由场气泡，自由面作用减小了气泡脉动周期（$t_{osc}^* < 1.83$），壁面作用增大了气泡脉动周期（$t_{osc}^* > 1.83$），壁面与自由面作用下气泡脉动周期受自由面影响较为显著。基于电火花气泡实验数据拟合（$0.5 < \gamma < 4.0$），壁面上气泡脉动周期满足 $t_{osc}^* = 1.83 + 0.2/\gamma_b$，自由面下气泡脉动周期满足 $t_{osc}^* = 1.83 - 0.3/\gamma_f$。

（3）自由面作用下，气泡中心背向自由面迁移，第二周期迁移比第一周期更为明显，距离参数越小气泡中心迁移的越快。壁面作用下，在气泡体积接近最小时刻，气泡中心发生快速迁移。

（4）壁面引起的气泡射流尖端速度大于自由面，当距离参数 $\gamma_b < 0.4$，射流尖端速度随着距离参数增大而减小，当距离参数 $\gamma_b > 1.2$，射流尖端速度随着距离参数增大而增大，临界距离参数约为 0.9，使得射流速度达到一个极大值。

（5）气泡形态、射流方向等与边界性质密切相关，射流速度、射流形态受距离参数影响变化显著，当气泡距壁面极近时（距离参数小于 0.5），气泡内部将形成直接作用于壁面的圆锥形"接触射流"，且射流速度在距离参数 0.7～0.9 之间可能存在最大值；自由面附近脉动的气泡会被自由面击退形成背向自由面射流，伴随着气泡坍塌、撕裂、回弹，气泡中心快速向下迁移，并在自由面处形成飞溅的水冢形态。

（6）随着距离参数变化出现了六种典型的自由面：当距离参数小于 0.5 时，气泡膨胀过程中气泡将与自由面相连通，形成飞溅的自由面；当距离参数位于

0.6～1.0 间时，气泡内部形成清晰射流，自由面形成了相对完整的水柱、水裙形态；当距离参数大于 1.0 时，自由面对气泡的作用减弱，一周期形成的水柱逐渐被后形成的水裙吞没。本章给出了近边界高压气泡运动规律，旨在为高压气枪气泡相关研究提供参考。

第 8 章 枪体边界和开口形式对气泡脉动影响的实验分析

8.1 引　言

在气枪气泡诱导的远场压力子波计算中，枪体对气泡脉动的影响十分显著，为补偿枪体对气泡脉动的影响，文献中采用最多的方法就是对气枪计算初始条件进行修正，如气枪初始压力和容积等。虽然修正后的模型可以获得与实验较为一致的远场压力数据结果，但气泡初生过程和枪体影响背后的基本力学问题并没有得到根本解决，并且修正后的模型对于近场压力计算的可靠性仍有待进一步验证。然而，气枪诱导的近场压力的准确计算，对于气枪的海上施工布置具有重要意义，气枪作业时为确保其周围海洋结构物（如工作船等）的安全，通常要让气枪阵列与周围结构物保持一定安全距离，若已知近场压力载荷和工作船的设计安全系数，即可对气枪布放的临界距离进行测算。

气枪的发射是一个非常复杂的物理过程，受枪体的影响十分明显，而且不同的枪型具有不同的激发模式以及形式各异的排气口形状，如常见的"环形开口" Sleeve 枪、"四开口"的 Bolt 枪和 G 枪等，这些因素都会对气枪气泡的形态与振荡模式产生较大影响。为此，基于水下放电的气泡生成原理，本章引入简化的气枪实验模型，结合高速摄影技术，发展了实验室条件下的气枪气泡实验研究方法，并建立了相应的气泡实验装置，研究了不同开口形式下的枪体对气泡运动特性的影响，总结了开口形式对气泡周期和半径等的影响规律。

8.2　气枪气泡实验方法及装置

气枪气泡模型实验设备及其布置方法如图 8.1（a）所示，气泡发生器内部电路如图 8.1（b）所示，同高压电火花放电装置原理相似，充电阶段电源将电荷存储在图中 6600 μF 的电容组里，放电阶段电容存储的电量在电极两端得到瞬间释放，使得电极周围水被瞬间击穿，生成高温高压的等离子体，推动周围水的汽化生成初始气泡。鉴于真实气枪结构较为复杂不易制作，本章基于现有商业气枪的开口模式，建立了环形开口和四开口的简易气枪枪体模型，枪体材质为有机玻璃，结构保持上下对称、左右对称，并将圆柱端部用细砂纸打磨光滑，四排气口之间的阻隔采用硬塑料片。实验前，首先将气枪缩比模型放置在透明玻璃水槽中间，然后将作为放电电极的细铜丝搭接在圆柱缝隙中心，并确保初生气泡夹在圆柱两端正中间，最后调整光源和相机，保持光源、相机、电极中心在同一高度上。

光源为 2000 W 的钨丝灯，相机型号为 Phantom V12.1，满幅拍摄频率为 6242 帧/s，最高拍摄频率为 650000 帧/s。为保证气泡轮廓清晰，各组试验的拍摄均保持较小的曝光时间，拍摄速率和分辨率会根据模型尺寸进行一定微调，但拍摄速度一般不小于 10000 帧/s，所以图片时间计算误差不会超过 0.1 ms。实验均在室温 24℃、接近标准大气压（约 0.1 MPa）下进行，由于方形水槽的各条边长均为 500 mm，远大于气泡最大半径，水槽对气泡脉动的影响几乎可以忽略不计。细铜丝直径不到 0.25 mm，远小于气泡直径，电极的影响同样可以忽略不计。

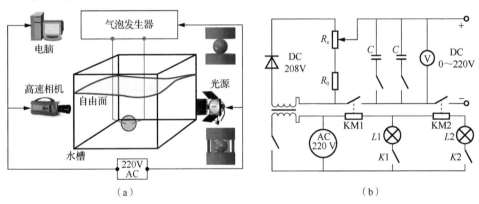

图 8.1　气枪气泡实验装置与简化的气枪模型示意图[206]

8.3　环形开口气枪实验

8.3.1　较小枪体直径

图 8.2 描述了环形开口气枪、枪体直径 6 mm 的气泡脉动情况。初始电容在水下电极两端放电，由于铜丝搭接点处电阻较大，导致能量大量堆积，使得铜丝自燃，周围水开始电离，形成一团高温高压气体，在气泡生成的同时，释放出耀眼的光芒，导致了气泡初始图片过度曝光，使得气泡轮廓不易观察，如 $t = 0 \sim 0.92$ ms 所示。气泡形成后在两圆柱截面之间的狭缝里迅速膨胀，受气枪气室（圆柱截面）

的影响，气泡在纵向方向的膨胀受到阻碍，直至 $t = 0.20$ ms 左右，气泡充满整个狭缝并开始向外溢出，但对于真实气枪而言，气枪梭阀打开后，气体就会从圆柱截面端部溢出，所以此刻对应着气枪激发的初始时刻，后续的气泡脉动过程才是我们关心的重点。

从端面溢出后，气泡沿横向和纵向快速运动，但由于横向速度较纵向大，气泡逐步变成了一个"鼓形"，如 $t = 0.92$ ms 所示，气泡上下表面扁平且被枪体穿透，由于气泡中部的膨胀速度快于其他部分，在"鼓形"气泡环状弧面中部形成一个较尖的凸起，但在气泡膨胀的后期，气泡表面各处均减速向外运动，环状气泡中间凸起逐渐消失。另外，气泡表面并不光滑，带有很多褶皱和沟壑，一方面可能是由于铜丝燃烧形成的飞溅物从气泡表面穿出，使得部分气体从气泡表面溢出，破坏了气泡表面的张力平衡；另一方面可能是由于气泡内部温度和压力分布不均衡造成，为维持气泡边界处的压力平衡，气泡表面各处呈现出了曲率不一的凸凹形态。

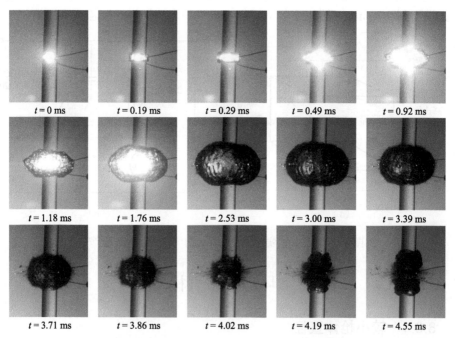

图 8.2　环形开口 6 mm 枪径条件下气泡形态演化过程[24]

气泡经过一段时间较为缓慢的膨胀，在 $t = 2.53$ ms 时刻气泡体积达到最大，此时气泡内部的铜丝燃烧过程也趋于结束，气泡开始了反向收缩。由于横向收缩速度比纵向大，从气泡形态上来看，"鼓形"气泡的特征开始消失，如 $t = 3.39$ ms 所示。随着气泡继续收缩，气泡形态变得更加圆润、更加趋向于扁球形，气泡的纵向和横向半径逐渐趋于一致。在 $t = 3.71$ ms 时刻，水平方向上气泡中部呈现了非对称坍塌，并随着气泡体积缩小非对称现象逐渐加剧，最终在气泡内部形成了如 $t = 4.02$ ms 时刻所示的明显对射流，对射流逐渐向气泡中心靠拢，最终在气泡中心发生碰撞，气泡从中部撕裂，撕裂后的气泡沿着枪体快速上下迁移，多次脉动后破碎。

8.3.2　中尺度枪体直径

当气枪枪体直径增加到 8 mm 时，气泡形态演化过程如图 8.3 所示。气泡的膨胀过程与枪径为 6 mm 工况基本一致，但可能由于圆柱间的缝隙高度不一样，气泡中部节点的水平速度并没有显著区别于周围节点，没有形成上一工况（6 mm 枪径）所述的尖凸起。在 $t = 0.51$ ms 时刻，气泡从圆柱端部溢出，随后气泡开始了纵向和横向的膨胀运动，直至 $t = 2.65$ ms 时刻气泡体积达到最大，气泡鼓形特征较上一工况（6 mm 枪径）更为明显，气泡的横向半径与纵向半径之比更大，这是由于枪体直径增加的缘故，对气泡纵向运动的限制时间更长，使得气泡从圆柱端部溢出时，具有更大的横向和纵向速度差异。随后气泡开始坍塌，鼓形特征逐渐消失，在 $t = 3.88$ ms 时刻，气泡内部形成明显环形射流，射流在 $t = 4.02$ ms 时刻将气泡击穿，气泡从中部发生撕裂，撕裂后的两气泡分别向上下两端迁移。

图 8.3　环形开口 8 mm 枪径条件下气泡形态演化过程[24]

8.3.3　较大枪体直径

当枪体直径继续增加到 10 mm 时，气泡运动形态演化过程如图 8.4 所示，由图可知，枪体直径 10 mm 以下的气泡运动情况，明显不同于前两个工况（6 mm 和 8 mm）。首先，枪体直径增大使得气泡在狭缝内运动距离和空间增大，然而气泡的体积主要决定于放电电压和电容，所以气泡体积不会同前两个工况产生较大差异，这就使得气泡溢出所需要的时间更长。相对于自由场中的气泡而言，枪体半径的增大对气泡脉动的影响变得更加明显，使得气泡在整个脉动过程中，其横向半径与纵向半径之比都较前两组工况要大很多，在 $t = 2.63$ ms 时刻，气泡体积膨胀到最大，此时气泡横向半径约为纵向半径的 3 倍，呈现出典型的鼓形特征。其次，在 10 mm 枪径工况下，气泡收缩坍塌阶段出现了同前两工况相似的环形射流，射流最终在气泡中心发生碰撞，使得气泡发生撕裂，但撕裂后的气泡并没有摆脱圆柱端部的束缚，即撕裂后的气泡没有像前两个工况（6 mm 和 8 mm）一样，向圆柱的上下两端迁移，此外，由于缝隙狭小，气泡透明度有限，后续的气泡脉动不易观察。

图 8.4　环形开口 10 mm 枪径条件下气泡形态演化过程[24]

8.3.4　结果讨论

下面将枪径为 6 mm、8 mm、10 mm 三种工况下的实验结果进行综合分析讨论。图 8.5 和图 8.6 分别为不同枪径条件下的环形开口气枪气泡的横向半径和纵向半径时历曲线，气枪枪体直径对气泡的横向半径影响较小，对气泡的纵向半径影响较大。对于气泡膨胀阶段，不同枪径条件下，气泡横向半径基本保持一致，气泡纵向半径略有差别，主要体现在膨胀后期；对于气泡坍塌阶段，无论纵向半径还是横向半径，均随着枪体直径的改变发生明显变化，气泡横向半径最大的依次是 8 mm、6 mm、10 mm。

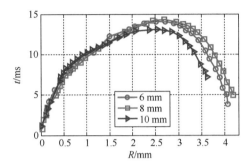 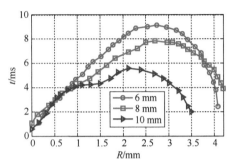

图 8.5　不同枪径条件下横向半径时历曲线　　图 8.6　不同枪径条件下纵向半径时历曲线

对于气泡纵向半径而言，枪体直径越大，气泡在纵向上膨胀受到的阻碍作用就越大，所以随着枪体直径的增加，气泡纵向半径呈现较为规律的变化趋势，随着枪径增加而减小，并且枪径从 8 mm 增加到 10 mm 的过程中，气泡纵向半径减小程度要大于枪径从 6 mm 增加到 8 mm 的情况。另外，从图 8.5 和图 8.6 中也可以看到，8 mm 和 6 mm 工况下气泡周期相差不大，均约为 4 ms，而当枪体直径为 10 mm 时，气泡周期有所减小（约 3.5 ms），可能是由于边界条件的影响和实验操作影响造成的。

8.4　四开口气枪实验

四开口气枪是现代商业气枪中最为常用的一种开口形式，顾名思义，四开口气枪一般在环形枪体周围开四个孔。不同于环形开口气枪，开孔位置有的在枪体中间，如常见的 Bolt 枪等，有的开孔在气枪底部，如 G 枪等。本节为模拟四开口气枪枪体对气泡脉动的影响，在环形开口气枪的开口处增设四个阻隔片，这样气泡在膨胀的时候除了受到枪体的影响外，还要受到开口阻隔片的影响，使得气泡脉动变得更加复杂，下面我们将对枪径为 5 mm、6 mm、8 mm 三种工况进行详细介绍。

8.4.1　较小枪体直径

图 8.7 描述了枪径为 5 mm 时的气泡形态演化过程。在 $t = 0$ ms 时刻，电极瞬

间放电，在圆柱缝隙生成了初始的高温高压气团，气团在两圆柱截面之间的狭缝里迅速膨胀，生成电火花气泡，受气枪气室（圆柱截面）的影响，气泡在横向方向的膨胀受到阻碍，纵向速度约为 0，气泡沿圆柱缝隙水平运动；在 $t = 0.16$ ms 时刻左右，气泡充满整个狭缝，并开始溢出。在冲破圆柱截面狭缝的限制后，气泡沿枪体纵向速度不再为零，气泡开始沿着纵向和横向同时扩展，但是由于四开口气枪在环形开口的基础上增加了四个阻隔片，所以气泡的横向膨胀在阻隔处受到阻碍。气泡从四个排气口喷出后，形成四个小的球形气泡，随着四个小的球形气泡不断膨胀，在形成不久便与临近的其他气泡发生融合。从纵向视角看，四开口气枪气泡同样具有环形开口气枪的"鼓形"形态特征。

在 $t = 1.53$ ms 时刻，四个小气泡的非均匀膨胀加剧，可以清楚地看到由于电火花放电位置相对靠后，使得被遮挡到的后面两个小气泡尺寸明显大于前面两个气泡，但这是实验操作所致，不是我们研究的重点。随着气泡继续膨胀，在 $t = 3.00$ ms 时刻，前后的小气泡已经基本融合为一个大的气泡；在 $t = 3.57$ ms 时刻，气泡体积膨胀到最大，由于此时气泡内部压力小于气泡周围的环境水压，气泡开始收缩坍塌。在气泡收缩阶段，气泡表面纵向收缩速度明显比横向速度快，使得气泡的"鼓形"特征逐渐消失。随着气泡继续收缩，气泡在形态上更加趋于球形，如 $t = 4.37$ ms 时刻所示，在气泡坍塌末期，靠近枪体附近坍塌速度明显加快，气泡从"球形"开始演化为"菱形"。

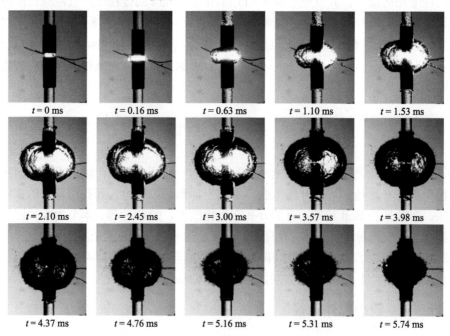

图 8.7　四开口 5 mm 枪径条件下气泡形态演化过程[24]

图 8.8 描述了枪体直径 5 mm 四开口气枪气泡运动情况的横向视图,可以更加清楚地看到各小气泡的演化过程。在 $t = 0.43$ ms 时刻,气泡从小排气口中溢出,并不是理想的球形气泡,头部略微扁平。由于枪体直径过小,气泡之间很快发生部分融合,在 $t = 0.71$ ms 时刻,四个气泡连成一圈,在横向呈现出"方形";在 $t = 0.94$ ms 时刻,"方形"环状气泡继续向外膨胀,由于排气口处气体大量喷出;在 $t = 1.41$ ms 时刻,"方形"气泡的四个角演化成了四个圆形凸起,随后圆形凸起加剧,直至气泡膨胀到最大时刻。受实验技术的影响及简化模型制作精度等的影响,气枪周围气泡的不均性变得较为明显。

图 8.8　四开口 5 mm 枪径条件下气泡形态演化过程(横向视图)[24]

8.4.2　中尺度枪体直径

枪径为 6 mm 下的四开口气枪气泡形态演化过程如图 8.9 所示,气泡的形态演化过程与 5 mm 枪径工况下基本一致,只是由于枪体直径的增大,各小气泡之间的融合发生得相对更晚一些,而且该工况下实验拍摄情况较好,能看到很多气泡演化的细节,包括气泡表面沟壑纵横的不光滑特性。气泡从排气口溢出后,四个小气泡表面上相互独立,但其根部在圆柱缝隙间是联通的,随着各小气泡体积的增加,各小气泡间距减小开始融合,在 $t = 2.80$ ms 时刻左右,气泡体积达到最大,但小气泡最外侧凸起并没有完全融合,气泡仍大体呈花瓣形。随后气泡开始坍塌,在坍塌过程中气泡表面进一步融合,并且从鼓形逐渐演变成方形。

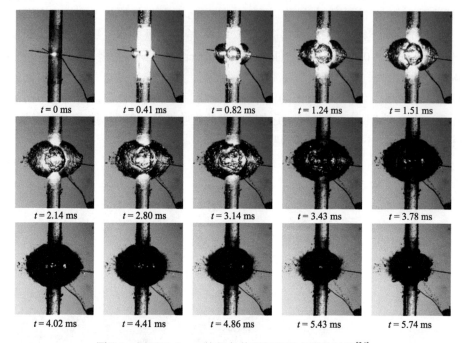

图 8.9　四开口 6 mm 枪径条件下气泡形态演化过程[24]

8.4.3　较大枪体直径

当气枪枪体直径增加到 8 mm 时，气泡形态演化过程如图 8.10 所示，气泡形态的演化过程与 5 mm 以及 6 mm 枪径情况有所不同。首先，从四个排气口中喷出的气泡相对更加独立，发生融合的时间更晚，气泡融合部分非常小，主要是由于枪体直径增加，使得溢出圆柱端部的气泡体积减小，形成小气泡继续向外扩张的能量有限；其次，受气枪枪体的影响与阻隔，在整个周期中，气泡的横向半径都非常小，显著小于 5 mm 以及 6 mm 枪径情况，在气泡体积接近最大时刻，气泡并没有呈现出趋于"球形"的气泡特征；最后，气泡周期较前两种工况（枪径 5 mm 和 6 mm）要小很多，且气泡收缩到最小时刻的气团形态也与前两种工况显著不同。

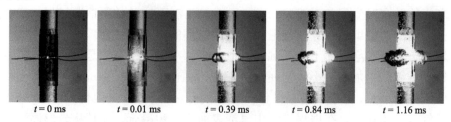

| $t = 1.49$ ms | $t = 1.84$ ms | $t = 2.24$ ms | $t = 2.45$ ms | $t = 2.55$ ms |
| $t = 2.69$ ms | $t = 3.12$ ms | $t = 3.43$ ms | $t = 3.73$ ms | $t = 3.96$ ms |

图 8.10   四开口 8 mm 枪径条件下气泡形态演化过程[24]

8.4.4   结果讨论

下面将对上述三种工况下的实验结果进行定量分析，图 8.11 和图 8.12 分别描述了枪体直径 5 mm、6 mm、8 mm 三种情况下，四开口气枪气泡的纵向半径和横向半径时历变化。与环形开口气枪相同，枪径对于气泡的纵向半径影响较小，而对于气泡的横向半径影响较大。对于气泡纵向半径而言，枪径为 6 mm 时气泡半径最大，其次为枪径 8 mm 工况，最小为 5 mm 工况，造成该不规律结果的原因有实验技术限制，各排气口喷出的小气泡不对称，也有可能是测量点的选取，电火花放电装置的电压稳定性不够等。对于气泡横向半径而言，随着枪径的增大，横向半径减小，呈现出同环形开口气枪相同的规律。另外，5 mm 枪径和 6 mm 枪径工况下，其气泡周期相差不大，都在 5.5 ms 左右，而当枪径增大到 8 mm 时，气泡周期减小到 4 ms 左右，同样有可能是因为边界条件和实验操作的影响。

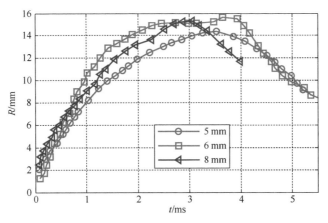

图 8.11   不同枪径条件下纵向半径时历曲线

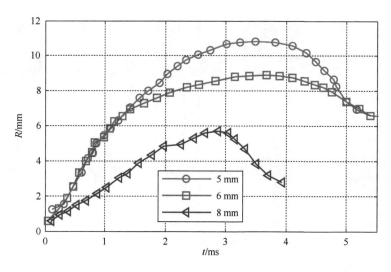

图 8.12　不同枪径条件下横向半径时历曲线

8.5　气枪开口形式影响分析

本节将对环形开口气枪和四开口气枪的实验结果进行对比分析，图 8.13 和图 8.14 分别为 6 mm 枪径和 8 mm 枪径情况下两种气枪气泡半径的时历曲线。在枪径为 6 mm 时，两种开口形式气泡周期存在很大差异，在环形开口条件下，气泡周期约 4 ms；而在四开口条件下，气泡周期约 5.5 ms，为环形开口条件下气泡周期的 1.4 倍左右，这是由于四开口气枪发射时会产生四个小气泡，气泡间相隔较近，会产生强烈的相互影响，抑制气泡彼此间的脉动，使得气泡周期变长。另外，四开口条件下，气泡收缩到最小时的纵向半径和横向半径都较环形开口条件下要大，这是由于四开口气枪各排气口之间的阻隔片阻碍了气体的收缩运动造成的。

在枪径为 8 mm 时，环形开口和四开口气枪对于气泡的周期影响较为一致，气泡周期都为 4 ms 左右，与 6 mm 枪径条件下实验结果差距明显，对于造成该结果的原因，还有待进一步分析探讨。对气泡纵向半径而言，两种开口形式变化不大，四开口略大于环形开口情况，而气泡横向半径却受气枪开口形式影响显著，环形开口条件下气泡横向半径在整个周期内都大于四开口工况，造成这个结果的原因是多方面的，除了边界条件的影响外，并不能忽略实验技术的限制、测量点的选取，以及电火花放电装置电压的稳定性等其他干扰因素的影响。

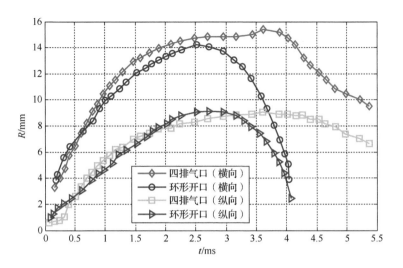

图 8.13　不同气枪开口形式下气泡半径时历曲线（枪体直径 6 mm）

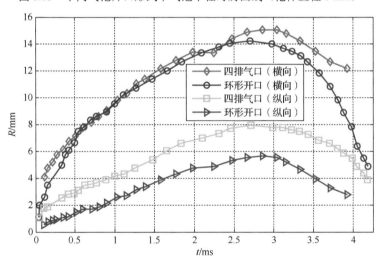

图 8.14　不同气枪开口形式下气泡半径时历曲线（枪体直径 8 mm）

8.6　本章小结

　　气枪的发射是一个非常复杂的物理过程，受枪体影响十分明显，而且不同的枪型具有不同的激发模式和开口形状，会对气枪气泡的形态与振荡模式产生不同影响。为此，本章在实验室环境中，采用电火花气泡发生器，引入简化的气枪实验模型，包括"环形开口"和"四开口"两种气枪开口形式，配合高速摄影技术，建立了气枪气泡的实验研究装置。基于简易的气枪开口边界模型，本章重点研究了不同开口条件下气枪气泡的演化过程，探讨了枪径参数对于气泡形态的影响，得到以下结论：

（1）受枪体的影响，包括环形开口气枪和四开口气枪，气泡的横向脉动都会受到较大程度地限制，根据枪径大小的不同，气泡形态会呈现出"鼓形"或"椭球型"特征，对气枪枪体设计具有一定参考价值。

（2）对环形开口气枪而言，当枪体直径相对较小时，气泡坍塌阶段会产生指向开口的环形射流，射流将大气泡撕裂成上下两个小的环形气泡，而在随后的多个气泡脉动周期内，两个环形小气泡将各自朝着远离开口的方向进行脉动。

（3）对于多排气口气枪，由于各排气口之间存在阻隔片，气体喷出枪体时会在枪体周围产生多个小气泡，这些小气泡之间会发生较为复杂的融合、射流以及相互干扰，使得部分气泡的脉动周期在一定程度上得到延长，这是由于气泡之间的耦合效应。

（4）对于气枪气泡模型实验而言，实验技术的固有精度、测点选取以及电火花放电装置的电压稳定性等都会对实验结果产生非常大的影响。另外，由于电火花放电铜丝电极燃烧持续时间较长，且在常压环境中其放电产生的气泡尺寸较小，所以还需在现有的实验条件下开发新的气枪气泡实验技术。

第9章　气枪气泡载荷作用下船舶结构的冲击响应分析

9.1　引　言

近场气枪高压气泡载荷可能对工作船造成冲击损伤，而且气枪除了在海底资源勘探中具有重要应用价值外，在舰船抗冲击测试方面也开始初步展露其潜在价值。为了验证舰船的结构及系统是否满足抗冲击要求，在舰船附近引爆受控炸药对实船进行冲击试验是必要手段，但是实船水下爆炸试验不易进行，其代价十分昂贵。因此，近年来，以美国为代表的部分国家在舰船冲击响应研究中，初步尝试了采用高压气枪代替水下装药作为冲击响应激励源，来模拟舰船测试所需的水下爆炸冲击环境，以达到节约成本的目的。为研究气枪气泡诱导载荷对周围结构的冲击响应，澳大利亚曾在海上进行了多次实验，利用全比例的商业气枪对模型船进行抗冲击检测[180]，初步证实了利用气枪载荷代替炸药载荷进行舰船冲击响应研究的可行性，但该方面的研究公开发表的资料非常有限。

气枪产生的脉动气泡压力要比炸药所产生的气泡脉动压力小很多，但在试验中可以采用多枪组合阵列的形式，以增大压力主脉冲，延长气泡周期的目的，也可以通过调整气枪与结构物的距离增大气枪气泡威力，使得测点处的动载荷与远场炸药所引起的动载荷大体相当，但压力波主脉冲的脉宽与爆炸气泡可能仍有较大差别，对结构物的冲击响应是否相当需深入研究。基于边界积分方法，本章计算得到不同结构物附近的气枪气泡诱导压力载荷，分析了作用在结构上的气枪气泡压力载荷特性，并与改进的无网格重构核粒子方法（reproducing kernel particle method，RKPM）[228-229]结合，基于瞬态流固耦合算法，将上述压力载荷作用在结构物上，对水下圆柱结构和水面船舶的冲击响应进行计算分析，旨为气枪气泡载荷作用下船舶结构冲击响应分析，及其在舰船抗冲击中的应用提供基础性技术支撑。

9.2   气枪气泡作用下水下圆柱壳的冲击响应分析

潜艇凭借其良好的隐蔽性和强大的攻击力，深受各国海军的喜爱，然而随着声呐等反潜武器的进步，潜艇所面临的生存和战斗环境越来越严酷，在战斗过程中，潜艇将不可避免的遭受水雷、鱼雷、深水炸弹等武器的攻击，所以人们对潜艇的制造工艺和抗冲击性能有了更高的要求。实艇实验是潜艇的抗冲击性能测试最直接、最有效的手段，但实验的复杂程度且高昂的实验成本让很多国家望而却步，为此，本节研究了用气枪气泡载荷代替爆炸气泡，进行潜艇抗冲击响应研究的可行性分析，但鉴于潜艇结构的复杂性，其多为双层加肋圆柱壳结构，为简化建模过程，本节仅采用简单的圆柱壳代替潜艇舱段进行冲击响应分析。

9.2.1   刚性圆柱壳

气枪气泡和圆柱壳的离散如图 9.1 所示，气泡网格采用 14 阶节点，节点数为 1962，单元数为 3920，其中，圆柱壳被离散成 7354 个三角形单元，节点总数为 3679，圆柱壳的直径为 8 m、母线长为 40 m，圆柱壳的上面采用较稀疏的网格，而距离气泡较近的地方采用较密网格，这样可以在保证计算精度的同时，维持较好的计算速度。计算初始条件包括：气枪容积为 5000 in^3，气枪内压为 3000 psi，气泡与圆柱中底部约 1 倍的气泡最大半径，传热系数为 6000 J/(K·m^2·s)，气枪关闭时间为 8 ms，气枪初始温度为 20 ℃，海水温度为 20 ℃。

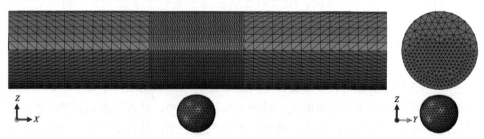

图 9.1   气泡与圆柱壳离散示意图

气枪气泡和圆柱壳相互作用如图 9.2 所示，图中左侧为前视图，右侧为仰视图。初始气枪气泡被等效为一个和气枪容积相等的球形气泡，球形气泡内气体压力等于气枪中心高度处的静水压力。在 $t = 0$ 时，气泡处于常压静止状态，随着气枪内部气体向气泡内部的快速转移，气泡快速膨胀，体积不断增加；在 $t = 8$ ms 时，气枪开口关闭，气枪内部气体全部释放完毕，随后气泡在惯性作用下继续膨胀，如图 9.2（a）～（c）所示；直至 t 约为 150 ms 时，气泡体积达到最大，此时，在圆柱壳对气泡的排斥力作用下，气泡靠近圆柱壳一侧表面变得显著扁平化，并且由于气泡内压远小于周围流场压力，气泡随后开始收缩坍塌，在气泡坍塌过程中，气泡竖直中心线附近的气泡下表面获得了较大的收缩速度，使得气泡表面呈现了明显的非对称特征；在约 300 ms 的气泡坍塌末期，气泡内部形成了指向圆柱壳结构的高速水射流，该射流是威胁舰船生命力的主要因素之一。

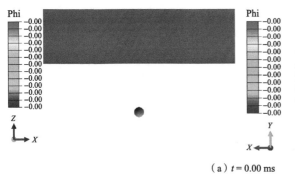

（a）t = 0.00 ms

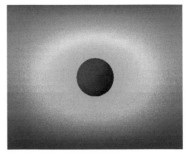

（b）t = 24.36 ms

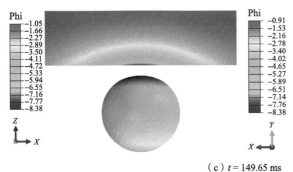

（c）t = 149.65 ms

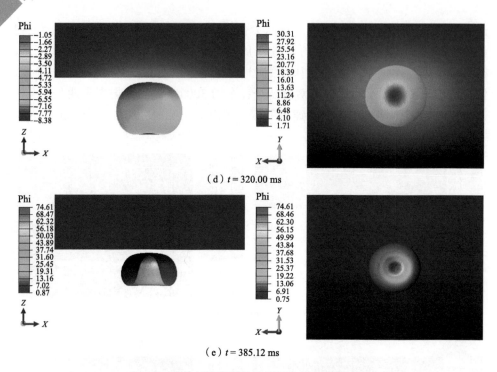

（d）$t = 320.00$ ms

（e）$t = 385.12$ ms

图 9.2　气枪气泡和圆柱壳相互作用动态特性图

　　为了能够更好地研究气泡射流和水中压力特性，图 9.3 给出了气泡最底端节点速度时历曲线和圆柱距气泡最近处测点的压力。如图 9.3（a）所示，节点初始速度为 0，气枪发射瞬间，节点速度在极短时间内快速升高，在 t 约为 5.0 ms 时，节点速度达到最大（约 50 m/s）；随后节点速度开始衰减，在 t 约为 150 ms 时，节点速度衰减为 0。此后，气泡开始坍塌，节点开始反向运动，速度反向增加，直至 t 约 320 ms 时，气泡收缩突然开始加剧，并在约 350 ms 时刻，坍塌速度达到了反向最大（约 40 m/s）。

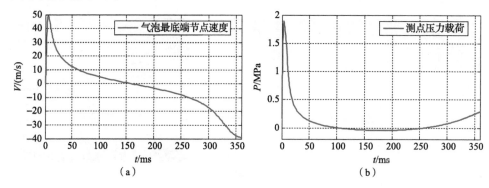

（a）　　　　　　　　　　　　　（b）

图 9.3　气泡最底端节点速度时历曲线和圆柱距气泡最近处测点的压力

9.2.2　弹塑性圆柱壳

本节研究了近场气枪气泡作用下的弹性圆柱壳响应，圆柱壳材料为 q235 钢，钢材密度为 7800 kg/m³，弹性模量为 200 GPa，泊松比为 0.25，屈服强度为 235 MPa，圆柱壳钢板厚度为 0.006 m，圆柱壳尺寸同 9.2.1 节，母线长 40 m、直径 8 m。圆柱壳被离散成 13322 个节点，在圆柱壳底部分别设置三个应变测量点，一个位于圆柱壳的中间位置，另外两个位于中间点两侧 5 m 的位置，如图 9.4 所示。

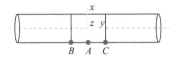

图 9.4　水和圆柱壳尺寸示意图

气枪气泡发射点位于圆柱壳下方，采用与 9.2.1 节相同的计算初始条件，气枪容积为 5000 in³，初始压力为 3000 psi，圆柱壳距气泡最近处的压力载荷如图 9.3 所示，压力的主脉冲为 1.8 MPa，脉宽为 30 ms 左右，压力载荷的周期约为 360 ms。本节采用了 RKPM 对圆柱壳的结构响应进行计算分析，压力载荷被以球面波的形式施加于圆柱壳上，距离球面压力波最近的测点为圆柱壳底部中点。

图 9.5 描述了压力载荷作用下的圆柱壳结构响应，图为从下向上看带有一定角度的仰视图，压力波首先到达圆柱壳底部中点位置，使得中部应变快速增大，随后压力波向圆柱壳两端传播，变形也由中间向两侧快速扩展，直至应力波扩散至整个圆柱壳，如图 9.5（a）～（d）所示，此时圆柱壳中部出现明显凹陷，随着应力波传播至圆柱壳的端部，应力波发生反射，并与原应力波发生叠加，改变了整个圆柱壳的应力分布形态。$t = 133.33 \sim 360$ ms 对应着气泡坍塌阶段，虽然压力动载荷出现了较长一段的负压，但在惯性作用下，圆柱壳中部变形仍在继续加剧。

接下来我们将对圆柱壳的结构响应进行定量分析，图 9.6 记录了舰船中部测点 A 与左右两侧的测点 B 和 C 的位移和速度时历变化曲线。从垂向位移来看，相比于 B 点和 C 点，A 点具有更大的垂向位移变化，这是由于测点 A 位于气枪气泡正上方，距离气枪发射点最近，主脉冲作用后，A 点会获得较大的初始速度。位移曲线近似为一条抛物线，这是由气泡压力载荷和圆柱壳自身阻尼共同作用导致的，初始时压力载荷远大于圆柱壳自身阻尼，圆柱壳中部加速向内凹陷，在第一周期后半段，虽然压力载荷变成了负压，但在惯性作用下，圆柱壳仍在做减速凹陷运动。测点 B 和 C 的位移变化较为一致，这是由于圆柱壳结构对称、激励源气枪发射位置在圆柱壳结构中部正下方所致。综上所述，气枪气泡载荷作用下结构的冲击响应特性与水下爆炸载荷作用下结构的冲击响应有类似之处，证明了气枪气泡代替水下装药进行抗冲击测试的理论可行性。

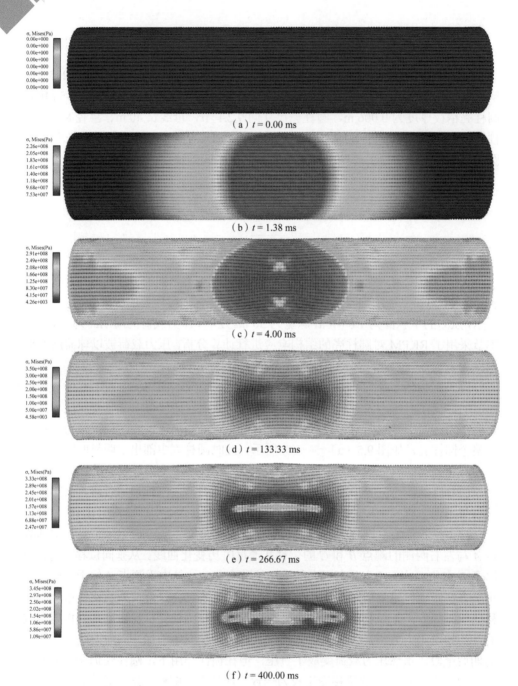

（a）t = 0.00 ms

（b）t = 1.38 ms

（c）t = 4.00 ms

（d）t = 133.33 ms

（e）t = 266.67 ms

（f）t = 400.00 ms

图 9.5　圆柱壳的结构变形示意图

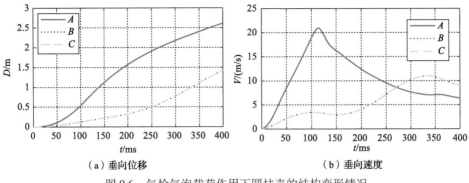

（a）垂向位移　　　　　　　　　　　（b）垂向速度

图 9.6　气枪气泡载荷作用下圆柱壳的结构变形情况

9.3　气枪气泡作用下水面船舶结构的冲击响应分析

9.2 节研究了气枪气泡载荷作用下圆柱壳结构的冲击响应，本节将对气枪气泡作用下水面船舶的冲击响应进行研究。本节首先采用边界元方法对高压气枪气泡的压力载荷进行计算，然后将其与 RKPM 结合，对高压气枪气泡载荷作用下船体结构的冲击响应进行计算。图 9.7 为水面船舶计算模型，基于图中给定的模型，本节初步探索了高压气枪代替炸药水下爆炸进行船舶抗冲击考核的可行性。

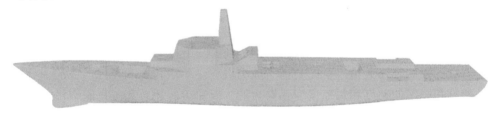

图 9.7　实船粒子离散模型

气枪容积为 5000 in³，初始压力为 3000 psi，气枪关闭时间为 8 ms，气枪位于船中底部约 1.5 倍气泡最大半径。最终模拟得到的压力如图 9.8 所示，主脉冲压力约为 0.8 MPa，气泡首脉冲压力为 0.28 MPa，为主脉冲的 0.30 倍左右，周期约为 400 ms。计算中忽略了水面舰船对气枪气泡脉动的影响，首先假设气枪气泡在自由场中脉动，求出固定测点处的流场压力后，再将所求得的压力载荷以球面波的形式施加于船底中部。相比于水下爆炸气泡所产生的爆炸冲击载荷，气枪气泡载荷的主脉冲较小，但是具有更大的脉宽和更长的周期。

图 9.9 为船体结构在不同时刻的结构变形示意图，为更加直观地观察船体变形，图中将船体 z 轴方向上的变形放大 10 倍。由图 9.9 可知，实船在冲击环境中总体振动响应明显，呈现典型的"鞭状运动"特征。初始压力波直接作用于船中

底部，船中被向上抬起，形成了明显的"中拱"（$t = 100$ ms），随着应力波从中间向船的首尾两端传播，船首尾两端也出现不同程度的变形。随后，船体结构开始向初始状态回复，并在惯性作用下，舰船开始了反向弯曲，中部向下运动，两端向上运动，舰船出现明显的"中垂"现象（$t = 300$ ms）。该"中垂"和"中拱"现象反复几个周期后，舰船逐渐恢复静止。

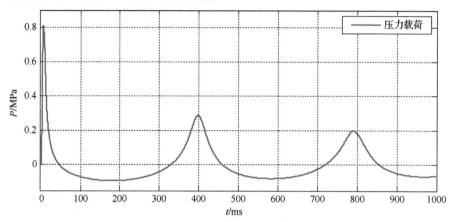

图 9.8　船底距气枪气泡最近位置处的压力载荷

　　图 9.10～图 9.12 分别描述了船中、船尾和船首某测点的垂向速度和垂向加速度时历变化曲线。船底中部在压力作用的瞬间获得了较大的加速度，使得船中测点速度迅速升高，加速度大约为 1250 m/s^2。另外，船中垂向速度和加速变化出现了较多的波动，船中底部在初始达到第一个极大值后快速下降，在 0.5 s 左右达到第二个极大值，可能是由于应力波在结构中传播和反射造成的，这也是船首和船尾的速度和加速度变化滞后的主要原因。船首和船尾测点加速度变化相对平缓，加速度的最大值都不超过 500 m/s^2，在 0.05 s 左右出现了明显的极大值点。

　　图 9.13 对比了船首、船中和船尾底部某测点的垂向位移时历变化曲线，船首节点的位移大于船中和船尾，可能是由于首部质量轻，在相同的加速度下更容易获得较大位移，船尾节点位移大于船中、小于船首，船中测点位移最小。船首、船中和船尾的垂向位移在第二周期比第一周期大，一方面是因为整个舰船产生了垂向的位移（整体位移），另一方面是因为舰船的鞭状运动正处于中垂阶段，和气泡脉冲产生正向叠加，使得第二次的中拱位移更加剧烈。位移变形时间中部明显先于船首和船尾，船首和船尾经历短暂静止后发生变形，延迟时间约为 0.04 s，这是由于爆点位置在船中所致。

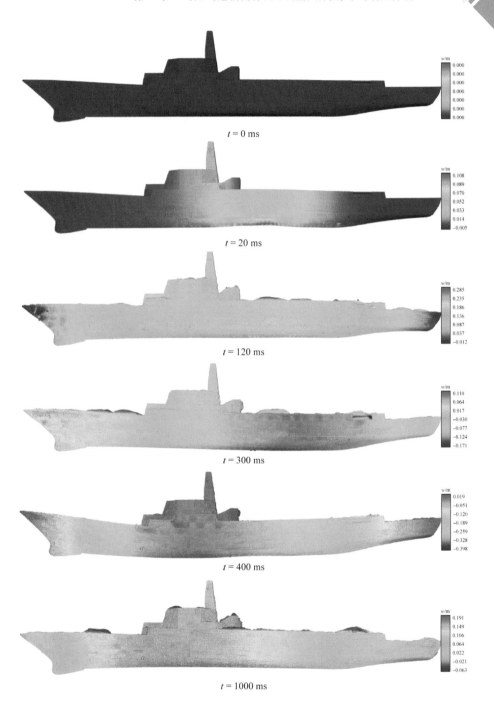

$t = 0$ ms

$t = 20$ ms

$t = 120$ ms

$t = 300$ ms

$t = 400$ ms

$t = 1000$ ms

图 9.9　船体结构变形示意图

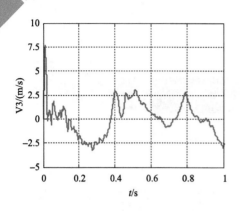
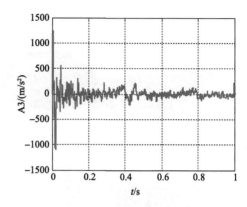

图 9.10　船中底部某测点垂向速度和垂向加速度时历变化曲线

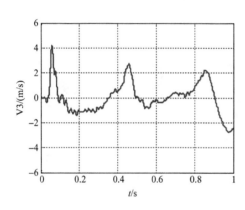
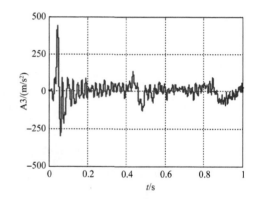

图 9.11　船尾底部某测点垂向速度和垂向加速度时历变化曲线

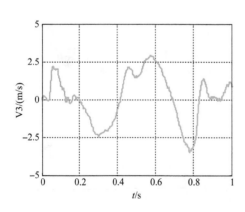
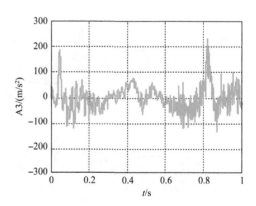

图 9.12　船首底部某测点垂向速度和垂向加速度时历变化曲线

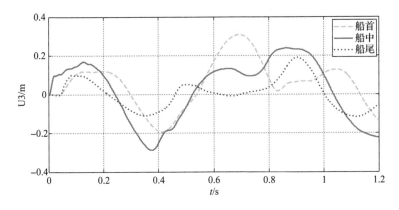

图 9.13　船首、船中和船尾底部某测点的垂向位移时历变化曲线

9.4　本章小结

本章首先基于气枪气泡脉动模型，获得了作用于不同结构上的压力载荷，然后采用 RKPM 对水下弹塑性圆柱壳和水面船舶结构的冲击响应进行了计算分析，得出以下结论：

（1）气枪气泡首先发射球面压力波，在气泡坍塌阶段形成射流，射流速度较大，并且会对结构造成局部冲击损伤，气枪气泡在发射阶段和射流阶段运动速度较快，其余时间气泡脉动速度较慢。

（2）在气枪气泡载荷作用下，舰船第二次中拱位移比第一次中拱位移大，可能是由于舰船的鞭状运动正处于中垂阶段，和气泡脉冲产生正向叠加，使得第二次的中拱位移更加剧烈。

（3）由于高压气枪气泡的近场压力波冲击载荷大，可能会对工作船或者水中结构造成严重的冲击损伤。

（4）依据对气枪气泡载荷作用下水面船舶结构的冲击响应分析，本章发现水面舰船出现了较明显的鞭状运动。气枪气泡载荷是舰船抗冲击测试的一种较好的激励源，利用气枪气泡诱导压力载荷代替爆炸气泡进行舰船抗冲击测试，从理论上具有较好的可行性。

参 考 文 献

[1] 张帅. 水下高压气枪气泡运动及其流场压力特性研究[D]. 哈尔滨：哈尔滨工程大学，2018.

[2] 任丽，孟小红，刘国峰. 重力勘探及其应用[J]. 科技创新导报，2013(8)：240-243.

[3] 王懋基，蔡鑫，涂承林. 中国重力勘探的发展与展望[J]. 地球物理学报，1997(S1)：292-298.

[4] 管志宁. 我国磁法勘探的研究与进展[J]. 地球物理学报，1997(S1)：299-307.

[5] 管志宁，郝天珧，姚长利. 21 世纪重力与磁法勘探的展望[J]. 地球物理学进展，2002(2)：237-244.

[6] 何继善. 电法勘探的发展和展望[J]. 地球物理学报，1997(S1)：308-316.

[7] 李金铭. 电法勘探方法发展概况[J]. 物探与化探，1996(4)：250-258，249.

[8] 吴志强. 海洋宽频带地震勘探技术新进展[J]. 石油地球物理勘探，2014，49(3)：421-430，413.

[9] 吴志强，闫桂京，童思友，等. 海洋地震采集技术新进展及对我国海洋油气地震勘探的启示[J]. 地球物理学进展，2013，28(6)：3056-3065.

[10] 龚劲涛，李志强，张茜. 对机械波偏振性的分析[J]. 高师理科学刊，2018，38(5)：75-77.

[11] Caldwell J, Dragoset W. A brief overview of seismic air-gun arrays[J]. Leading Edge, 2000, 19(8): 898-902.

[12] Langhammer J, Landrø M. High-speed photography of the bubble generated by an airgun[J]. Geophysical Prospecting, 1996, 44(1): 153-172.

[13] 杨博. 气枪震源机理与子波处理[D]. 青岛：中国石油大学（华东），2013.

[14] Giles B F, Johnston R C. System approach to air-gun array design[J]. Geophysical Prospecting, 1973, 21(1): 77-101.

[15] 何智刚. 高分辨率海洋地震拖缆系统同步和传输技术研究[D]. 天津：天津大学，2012.

[16] 张智，刘财，邵志刚. 地震勘探中的炸药震源药量理论与实验分析[J]. 地球物理学进展，2003(4)：724-728.

[17] 罗桂纯，胡平，王治国，等. 炸药震源的地震安全性野外实验研究[J]. 中国地震，2012(2)：214-221.

[18] 姚弟，杨艳，胡英，等. 地震勘探中炸药震源的效果及安全性分析[J]. 工业安全与环保，2013，39(12)：37-39.

[19] 牟杰. 炸药震源激发地震波近场特征试验研究[D]. 北京：北京理工大学，2015.

[20] Bierbaum S J, Greenhalgh S A. A high-frequency downhole sparker sound source for crosswell seismic surveying[J]. Exploration Geophysics, 1998, 29(4): 280-283.

[21] Zhang J, Liu H S, Tong S Y, et al. A study on bubble effect mechanism and characteristics of high-frequency sparker source[C]. 2009 International Forum on Information Technology and Applications, 2009.

[22] 宋德强，史颖，李海军，等. 百万焦耳级电火花震源在勘探开发中的应用[J]. 物探装备，2018，28(5)：328-336.

[23] 万芃，吴衡，王劲松，等. 海洋高分辨反射地震勘探震源的技术特征[J]. 地质装备，2010，11(3)：21-23.

[24] 羊慧. 气枪震源子波研究及气枪阵列性能优化[D]. 哈尔滨：哈尔滨工程大学，2015.

[25] Ziolkowski A. A method for calculating the output pressure waveform from an air gun[J]. Geophysical Journal International, 1970, 21(21): 137-161.

[26] Mott-Smith L M. System for suppressing multiple pulse in marine seismic sources by injection of additional air: U. S. Patent No. 3601216[P/OL].1971-08-24. https://palents.google.com/patent/US3601216A.

[27] Langhammer J, Landrø M, Martin J, et al. Air-gun bubble damping by a screen[J]. Geophysics, 1995, 60(6): 1765-1772.

[28] 陈浩林，全海燕，於国平，等. 气枪震源理论与技术综述(上)[J]. 物探装备，2008，18(4)：211-217.

[29] 王立明. 范氏气体下气枪激发子波信号模拟研究[D]. 西安：长安大学，2010.

[30] Besant W H. Hydrostatics and hydrodynamics[M]. London: Cambridge University Press, 1859.

[31] Rayleigh L. On the pressure developed in a liquid during the collapse of a spherical cavity[J]. Phil Mag, 1917, 34: 94-98.

[32] Lamb H. The early stages of a submarine explosion[J]. Philosophical Magazine, 1923, 195(6): 786.

[33] Herring C. Theory of the pulsations of the gas bubble produced by an underwater explosion[R]. Office of Scientific Research and Development Report 236(NDRC C-4-sr 10-010, Columbia University), 1941.

[34] Kirkwood J G, Bethe H A. The pressure wave produced by an underwater explosion[R]. Office of Scientific Research and Development Report 588, 1942.

[35] Gilmore F R. The growth and collapse of a spherical bubble in a viscous compressible liquid[D]. Pasadena, CA: California Institute of Technology, 1952.

[36] Keller J B, Kolodner I I. Damping of underwater explosion bubble oscillations[J]. Journal of Applied Physics, 1956, 27(10): 1153-1161.

[37] Plesset M S. The dynamics of cavitation bubbles[J]. Japplmech, 1949, 16(3): 277-282.

[38] Lauterborn W, Kurz T. Physics of bubble oscillations[J]. Reports on progress in physics, 2010, 73(10): 106501.

[39] Fujikawa S, Akamatsu T. Effects of the non-equilibrium condensation of vapour on the pressure wave produced by the collapse of a bubble in a liquid[J]. Journal of Fluid Mechanics, 1980, 97(3): 481-512.

[40] Schrage R W. A Theoretical Study of Interface Mass Transfer[M]. New York: Columbia University Press, 1953.

[41] Schulze-Gattermann R. Physical aspects of the "airpulser" as a seismic energy source[J]. Geophysical Prospecting, 1972, 20(1): 155-192.

[42] Safar M H. The radiation of acoustic waves from an air-gun[J]. Geophysical Prospecting, 1976, 24(4): 756-772.

[43] Johnston R C. Development of more efficient airgun arrays: theory and experiment[J]. Geophysical Prospecting, 1982, 30(6): 752-773.

[44] Dragoset W H. A comprehensive method for evaluating the design of air guns and air gun arrays[J]. The Leading Edge, 1984, 3(10): 52-61.

[45] Laws R M, Hatton L, Haartsen M. Computer modelling of clustered airguns[J]. First Break, 1990, 8(9): 331-338.

[46] Landrø M, Sollie R. Source signature determination by inversion[J]. Seg Technical Program Expanded Abstracts, 1992, 57(11): 1410.

[47] Langhammer J, Landrø M. Temperature effects on airgun signatures[J]. Geophysical Prospecting, 1993, 41(6): 737-750.

[48] Langhammer J, Landrø M. Experimental study of viscosity effects on air-gun signatures[J]. Geophysics, 1993, 58(12): 1801-1808.

[49] Li G F, Cao M Q, Chen H L, et al. Modeling air gun signatures in marine seismic exploration considering multiple physical factors[J]. Applied Geophysics, 2010, 7(2): 158-165.

[50] De Graff K L, Penesis I, Brandner P A. Modelling of seismic airgun bubble dynamics and pressure field using the Gilmore equation with additional damping factors[J]. Ocean Engineering, 2014, 76(1): 32-39.

[51] 陈浩林, 於国平. 气枪震源单枪子波计算机模拟[J]. 物探装备, 2002(4): 241-244.

[52] 狄帮让, 唐博文, 陈浩林, 等. 气枪震源的理论子波研究[J]. 石油大学学报(自然科学版), 2003(5): 32-35.

[53] 陈浩林, 全海燕, 刘军, 等. 基于近场测量的气枪阵列模拟远场子波[J]. 石油地球物理勘探, 2005(6): 703-707.

[54] Ziolkowski A, Parkes G, Hatton L, et al. The signature of an air gun array: computation from near-field measurements including interactions[J]. Geophysics, 1982, 47(10): 1413-1421.

[55] 朱书阶. 气枪震源子波特征及应用研究[J]. 勘探地球物理进展, 2008(4): 265-269.

[56] 赵秀鹏. 海洋气枪震源组合及子波模拟[J]. 油气地质与采收率, 2004(4): 36-38.

[57] 刘兵. 气枪震源子波数值模拟及其应用[D]. 青岛: 中国海洋大学, 2005.

[58] 林建民. 基于人工震源的长偏移距地震信号检测和探测研究[D]. 合肥: 中国科学技术大学, 2008.

[59] 李高林. 气枪震源子波特性分析与处理技术研究[D]. 青岛: 中国海洋大学, 2011.

[60] 李国发, 曹明强, 陈浩林, 等. 海上地震勘探 GI 枪子波数值模拟[J]. 吉林大学学报(地球科学版), 2011, 41(1): 277-282.

[61] 杨凯, 陈华, 顾汉明. 深水立体延迟激发气枪震源的设计与应用[J]. 工程地球物理学报, 2011, 8(6): 641-647.

[62] 唐杰. 大容量气枪激发与场地条件的耦合效果研究[J]. 地球物理学进展, 2011, 26(5): 1652-1660.

[63] Li S, Meer D v d, Zhang A M, et al. Modelling large scale airgun-bubble dynamics with highly non-spherical features [J]. International Journal of Multiphase Flow, 2020, 122: 103143.

[64] 李绪宣, 王建花, 张金淼, 等. 海上气枪震源阵列优化组合设计与应用[J]. 石油学报, 2012, 33(S1): 142-148.

[65] 李建霞. 基于理想气体模型的气枪震源子波模拟实验研究[D]. 长沙: 中南大学, 2013.

[66] 王风帆. 海上立体气枪阵列信号模拟与设计方法研究[D]. 青岛: 中国海洋大学, 2015.

[67] Wang F F, Liu H S. Simulating the signature produced by a single airgun under real gas conditions[J]. Applied Geophysics, 2014, 11 (1): 80-88.

[68] 杨云磊. 范氏气体震源阵列子波模拟与优化[D]. 长沙: 中南大学, 2014.

[69] 叶亚龙, 李艳青, 张阿漫. 平面气枪阵列远场子波模拟及优化[J]. 石油地球物理勘探, 2015, 50(1): 8-13.

[70] 叶亚龙. 气枪气泡动态特性及其对舰船的冲击响应研究[D]. 哈尔滨: 哈尔滨工程大学, 2015.

[71] Safar M H. Efficient design of air-gun arrays[M]. Middlesex: British Petroleum Co. Ltd., 1976.

[72] Nooteboom J. Signature and amplitude of linear airgun arrays[J]. Geophysical Prospecting, 1978, 26(1): 194-201.

[73] Vaage S, Ursin B, Haugland K. Interaction between airguns[J]. Geophysical Prospecting, 1984, 32(4): 676-689.

[74] 陈浩林, 宁书年, 熊金良, 等. 气枪阵列子波数值模拟[J]. 石油地球物理勘探, 2003(4): 363-368.

[75] 韩蕊. 多气泡 (气泡群) 非线性耦合作用及融合特性研究[D]. 哈尔滨: 哈尔滨工程大学, 2017.

[76] Zhang S, Wang S P, Zhang A M, et al. Numerical study on motion of the air-gun bubble based on boundary integral method[J]. Ocean Engineering, 2018, 154: 70-80.

[77] Strandenes S, Vaage S. Signatures from clustered airguns[J]. First Break, 1992, 10: 1258.

[78] Li G, Cao M, Chen H, et al. Modelling the signature of clustered airguns and analysis on the directivity of an airgun array[J]. Journal of Geophysics & Engineering, 2011, 8(1): 92.

[79] Landrø M, Langhammer J, Martin J. Damping of secondary bubble oscillations for towed air guns with a screen[J]. Geophysics, 1997, 62(2):533-539.

[80] Landrø M. Modelling of GI gun signatures[J]. Geophysical Prospecting, 1992, 40(7): 721-747.

[81] 王卫华. 纵波勘探中的炸药激发方式分析[J]. 石油地球物理勘探, 1999(3): 249-259.

[82] Moya A, González J, Irikura K. Inversion of source parameters and site effects from strong ground motion records using genetic algorithms[J]. Bulletin of the Seisimological Society of America, 2000, 90(4): 977-992.

[83] Holland J H. Adaptation In Natural And Artificial Systems[M]. Michigan: University of Michigan Press, 1975.

[84] Jin A. Simultaneous determination of site responses and source parameters of small earthquakes along the atotsugawa fault zone, central Japan[J]. Bulletin of the Seismological Society of America, 2000, 90(6): 1430-1445.

[85] 朱元清, 宋治平, 赵志光. 近期国外震源研究综述[J]. 国际地震动态, 2005(8): 1-7.

[86] Kennedy J, Eberhart R. Particle swarm optimization[C]. IEEE International Conference on Neural Networks, 1995.

[87] Trelea I C. The particle swarm optimization algorithm: convergence analysis and parameter selection[J]. Information Processing Letters, 2003, 85(6): 317-325.

[88] Clerc M, Kennedy J. The particle swarm-explosion, stability, and convergence in a multidimensional complex space[J]. IEEE Transactions on Evolutionary Computation, 2010, 6(1): 58-73.

[89] Bratton D, Blackwell T. A simplified recombinant PSO[J]. Journal of Artificial Evolution & Applications, 2008: 1-10.

[90] Pedersen, Hvass M E. Tuning & simplifying heuristical optimization[D]. Southampton: University of Southampton, 2010.

[91] Pedersen M E H, Chipperfield A J. Simplifying particle swarm optimization[J]. Applied Soft Computing, 2010, 10(2): 618-628.

[92] Coello C A, Lechuga M S. MOPSO: a proposal for multiple objective particle swarm optimization[C]. Proceedings of the 2002 Congress on Evolutionary Computation, 2002.

[93] Parsopoulos K E, Vrahatis M N. Particle swarm optimization method in multiobjective problems[C]. ACM Symposium on Applied Computing, 2002.

[94] Zhang S, Wang S P, Zhang A M, et al. Numerical study on attenuation of bubble pulse through tuning the air-gun array with the particle swarm optimization method[J]. Applied Ocean Research, 2017, 66: 13-22.

[95] Cui P, Zhang A M, Wang S P, et al. Ice breaking by a collapsing bubble[J]. Journal of Fluid Mechanics, 2018, 841: 287-309.

[96] Cox E, Pearson A, Blake J R, et al. Comparison of methods for modelling the behaviour of bubbles produced by marine seismic airguns[J]. Geophysical Prospecting, 2004, 52(5): 451-477.

[97] 叶亚龙, 李艳青, 张阿漫. 基于势流理论的气枪气泡远场压力子波特性研究[J]. 物理学报, 2014, 63(5): 273-282.

[98] Huang X, Zhang A M, Liu Y L. Investigation on the dynamics of air-gun array bubbles based on the dual fast multipole boundary element method[J]. Ocean Engineering, 2016, 124: 157-167.

[99] Zhang A M, Liu Y L. Improved three-dimensional bubble dynamics model based on boundary element method[J]. Journal of Computational Physics, 2015, 294: 208-223.

[100] Blake J R, Gibson D C. Growth and collapse of a vapour cavity near a free surface[J]. Journal of Fluid Mechanics, 1981, 111: 123-140.

[101] Blake J R, Taib B B, Doherty G. Transient cavities near boundaries. Part 2. Free surface[J]. Journal Of Fluid Mechanics, 1987, 181: 197-212.

[102] Zhang Y L, Yeo K S, Khoo B C, et al. Three-dimensional computation of bubbles near a free surface[J]. Journal of Computational Physics, 1998, 146(1): 105-123.

[103] Robinson P B, Blake J R, Kodama T, et al. Interaction of cavitation bubbles with a free surface[J]. Journal of Applied Physics, 2001, 89(12): 8225-8237.

[104] Wang Q X, Yeo K S, Khoo B C, et al. Strong interaction between a buoyancy bubble and a free surface[J]. Theoretical and Computational Fluid Dynamics, 1996, 8: 73-88.

[105] Wang Q X, Yeo K S, Khoo B C, et al. Nonlinear interaction between gas bubble and free surface[J]. Computer & Fluids, 1996, 25(7): 607-628.

[106] Lundgren T S, Mansour N N. Vortex ring bubbles[J]. Journal of Fluid Mechanics, 1991, 224: 177-196.

[107] Pearson A, Cox E, Blake J R, et al. Bubble interactions near a free surface[J]. Engineering Analysis with Boundary Elements, 2004, 28(4): 295-313.

[108] Blake J R, Gibson D C. Cavitation bubbles near boundaries[J]. Annual Review of Fluid Mechanics, 1987, 19: 99-123.

[109] Blake J R, Robinson P B, Shima A. Interaction of two cavitation bubbles with a rigid boundary[J]. Journal of Applied Physics, 1993, 255: 707-721.

[110] Blake J R, Taib B B, Doherty G. Transient cavities near boundaries. Part 1. Rigid boundary[J]. Journal of Fluid Mechanics, 1986, 170: 479-497.

[111] Brujan E A, Keen G S, Vogel A, et al. The final stage of the collapse of a cavitation bubble close to a rigid boundary[J]. Physics of Fluids, 2002, 14(1): 59.

[112] Pearson A, Blake J R, Otto S R. Jets in bubbles[J]. Journal of Engineering Mathematics, 2004, 48(3-4): 391-412.

[113] Klaseboer E, Hung K C, Wang C, et al. Experimental and numerical investigation of the dynamics of an underwater explosion bubble near a resilient/rigid structure[J]. Journal of Fluid Mechanics, 2005, 537: 387-413.

[114] Jayaprakash A, Hsiao C T, Chahine G. Numerical and experimental study of the interaction of a spark-generated bubble and a vertical wall[J]. Journal of Fluids Engineering, 2012, 134(3): 031301.

[115] Ni B Y, Zhang A M, Wu G X. Numerical and experimental study of bubble impact on a solid wall[J]. Journal of Fluids Engineering, 2015, 137(3): 031206.

[116] Zhang A M, Li S, Cui J. Study on splitting of a toroidal bubble near a rigid boundary[J]. Physics of Fluids, 2015, 27(6): 062102.

[117] Brujan E A, Nahen K, Schmidt P, et al. Dynamics of laser-induced cavitation bubbles near elastic boundaries: influence of the elastic modulus[J]. Journal of Fluid Mechanics, 2001, 433: 283-314.

[118] Turangan C K, Ong G P, Klaseboer E, et al. Experimental and numerical study of transient bubble-elastic membrane interaction[J]. Journal of Applied Physics, 2006, 100(5): 054910.

[119] Han R, Li S, Zhang A M, et al. Modelling for three dimensional coalescence of two bubbles[J]. Physics of Fluids, 2016, 28(6): 707-721.

[120] Han R, Zhang A M, Liu Y L. Numerical investigation on the dynamics of two bubbles[J]. Ocean Engineering, 2015, 110: 325-338.

[121] Han R, Zhang A M, Li S, et al. Experimental and numerical study of the effects of a wall on the coalescence and collapse of bubble pairs[J]. Physics of Fluids, 2018, 30(4): 042107.

[122] Liu Y L, Wang Q X, Wang S P, et al. The motion of a 3D toroidal bubble and its interaction with a free surface near an inclined boundary[J]. Physics of Fluids, 2016, 28(12): 122101.

[123] Huang X, Wang Q X, Zhang A M, et al. Dynamic behaviour of a two-microbubble system under ultrasonic wave excitation[J]. Ultrasonics Sonochemistry, 2018, 43: 166-174.

[124] Li S, Zhang A M, Wang S P, et al. Transient interaction between a particle and an attached bubble with an application to cavitation in silt-laden flow[J]. Physics of Fluids, 2018, 30(8): 082111.

[125] 戚定满, 鲁传敬, 何友声. 两空泡运动特性研究[J]. 力学季刊, 2000(1): 16-20.

[126] 戚定满, 鲁传敬. 空泡噪声的数值研究[J]. 水动力学研究与进展(A 辑), 2001(1): 9-17.

[127] 戚定满. 长江口水体环境数值研究[D]. 上海: 华东师范大学, 2001.

[128] 程晓俊, 鲁传敬. 二维水翼的局部空泡流研究[J]. 应用数学和力学, 2000(12): 1310-1318.

[129] 鲁传敬. 水平均流中细管排放气泡的三维数值模拟[J]. 应用力学学报，1996(4)：3-9.

[130] 蔡悦斌，鲁传敬，何友声. 瞬态空化泡演变过程的数值模拟[J]. 应用力学学报，1997(2)：3-8.

[131] 蔡悦斌，鲁传敬，何友声. 瞬态空化泡的成长与溃灭[J]. 水动力学研究与进展(A 辑)，1995(6)：653-660.

[132] 冷海军，鲁传敬. 轴对称体的局部空泡流研究[J]. 上海交通大学学报，2002(3)：395-398.

[133] Li Z R, Lei S, Zong Z, et al. A boundary element method for the simulation of non-spherical bubbles and their interactions near a free surface[J]. Acta Mechanica Sinica, 2012, 28(1): 51-65.

[134] Li Z R, Lei S, Zong Z, et al. Some dynamical characteristics of a non-spherical bubble in proximity to a free surface[J]. Acta Mechania Sinica, 2012, 223(11): 2331-2355.

[135] 宗智，何亮，孙龙泉. 水下爆炸气泡对水面舰船载荷的数值研究[J]. 船舶力学，2008(5)：733-739.

[136] 宗智，何亮，张恩国. 水中结构物附近三维爆炸气泡的数值模拟[J]. 水动力学研究与进展(A 辑)，2007(5)：592-602.

[137] Moukalled F, Mangani L, Darwish M. The finite volume method in computational fluid dynamics[M]. Switzerland: Springer International Publishing, 2016.

[138] Cole R H. Underwater explosion[M]. Princeton, USA: Princeton University Press, 1948.

[139] Li T, Wang S, Li S, et al. Numerical investigation of an underwater explosion bubble based on FVM and VOF[J]. Applied Ocean Research, 2018, 74: 49-58.

[140] Liu Y L, Zhang A M, Tian Z L, et al. Investigation of free-field underwater explosion with Eulerian finite element method[J]. Ocean Engineering, 2018, 166: 182-190.

[141] Miller S T, Jasak H, Boger D A, et al. A pressure-based, compressible, two-phase flow finite volume method for underwater explosions[J]. Computers & Fluids, 2013, 87(SC): 132-143.

[142] Müller S, Bachmann M, Kröninger D, et al. Comparison and validation of compressible flow simulations of laser-induced cavitation bubbles[J]. Computers & Fluids, 2009, 38(9): 1850-1862.

[143] Müller S, Helluy P, Ballmann J. Numerical simulation of a single bubble by compressible two‐phase fluids[J]. International Journal for Numerical Methods in Fluids, 2010, 62(6): 591-631.

[144] Ochiai N, Iga Y, Nohmi M, et al. Numerical analysis of nonspherical bubble collapse behavior and induced impulsive pressure during first and second collapses near the wall boundary[J]. Journal of Fluid Science & Technology, 2011, 6(6): 860-874.

[145] Ochiai N, Ishimoto J. Numerical analysis of single bubble behavior in a megasonic field by non-spherical eulerian simulation[J]. ECS Journal of Solid State Science and Technology, 2014, 3(1): N3112-N3117.

[146] Han B, Köhler K, Jungnickel K, et al. Dynamics of laser-induced bubble pairs[J]. Journal of Fluid Mechanics, 2015, 771: 706-742.

[147] Zhang S, Zhang A M, Cui P, et al. Simulation of air gun bubble motion in the presence of air gun body based on the finite volume method[J]. Applied Ocean Research, 2020, 97: 102095.

[148] Kedrinskii V K. Negative pressure profile in cavitation zone at underwater explosion near free surface[J]. Acta Astronautica, 1976, 3(7-8):623-632.

[149] Whalin R W. Water waves produced by underwater explosions: Propagation theory for regions near the explosion[J]. Journal Of Geophysical Research, 1965, 70(22): 5541-5549.

[150] Naude C F, Ellis A T. On the mechanism of cavitation damage by nonhemispherical cavitites collapsing in a contact with a solid boundary[J]. Journal of Basic Engineering, 1961, 83(4): 648-656.

[151] Gibson D C, Blake J R. The growth and collapse of bubbles near deformable surfaces[J]. Applied Scientific Research, 1982, 38(1): 215-224.

[152] Chahine G L. Experimental and asymptotic study of nonspherical bubble collapse[J]. Applied Scientific Research, 1982, 38(1):187-197.

[153] Chahine G L, Hsiao C T. Modelling microbubble dynamics in biomedical applications[J]. Journal of Hydrodynamics, 2012, 24(2): 169-183.

[154] Lauterborn W, Bolle H. Experimental investigations of cavitation-bubble collapse in the neighbourhood of a solid boundary[J]. Journal of Fluid Mechanics, 1975, 72(2): 391-399.

[155] Felix M P, Ellis A T. Laser-induced liquid breakdown-a step-by-step account[J]. Applied Physics Letters, 1971, 19(11): 484-486.

[156] Vogel A, Lauterborn W. Acoustic transient generation by laser-produced cavitation bubbles near solid boundaries[J]. Journal of the Acoustical Society of America, 1988, 84(2): 719-713.

[157] Philipp A, Lauterborn W. Cavitation erosion by single laser-produced bubbles[J]. Journal of Fluid Mechanics, 1998, 361(361): 75-116.

[158] Shaw S J, Schiffers W P, Gentry T P, et al. The interaction of a laser-generated cavity with a solid boundary[J]. Journal of the Acoustical Society of America, 2000, 107(6): 3065-3072.

[159] Tomita Y, Kodama T. Interaction of laser-induced cavitation bubbles with composite surfaces[J]. Journal of Applied Physics, 2003, 94(5): 2809-2816.

[160] Krefting D, Mettin R, Lauterborn W. High-speed observation of acoustic cavitation erosion in multibubble systems[J]. Ultrasonics Sonochemistry, 2004, 11(3-4): 119-123.

[161] Silberrad D. Propeller erosion[J]. Engineering, 1912: 33-35.

[162] Azar L. Cavitaion in ultrasonic cleaning and cell disruption[J]. Controlled Environments, 2009: 14-17.

[163] Chahine G L, Kapahi A, Choi J K, et al. Modeling of surface cleaning by cavitation bubble dynamics and collapse[J]. Ultrasonics Sonochemistry, 2016, 29: 528-549.

[164] Xu H, Tu J, Niu F, et al. Cavitation dose in an ultrasonic cleaner and its dependence on experimental parameters[J]. Applied Acoustics, 2016, 101: 179-184.

[165] Johnsen E, Colonius T. Shock-induced collapse of a gas bubble in shockwave lithotripsy[J]. Journal of the Acoustical Society of America, 2008, 124(4): 2011-2020.

[166] Kornfeld M, Suvorov L. On the destructive action of cavitation[J]. Journal of Applied Physics, 1994, 15(6): 495-506.

[167] Gibson D C. Cavitation adjacent to plane boundaries[C]. 3rd Australasian Conference on Hydraulics and Fluid Mechanics, Sydney, 1968: 210-214.

[168] Tomita Y, Shima A. Mechanisms of impulsive pressure generation and damage pit formation by bubble collapse[J]. Journal of Fluid Mechanics, 1986, 169: 535-564.

[169] Chahine G L. Interaction between an oscillating bubble and a free surface[J]. Journal of Fluids Engineering-transactions of the ASME, 1977, 99(4): 709-716.

[170] Hajizadeh Aghdam A, Khoo B C, Farhangmehr V, et al. Experimental study on the dynamics of an oscillating bubble in a vertical rigid tube[J]. Experimental Thermal and Fluid Science, 2015, 60: 299-307.

[171] Ni B Y, Zhang A M, Wang Q X, et al. Experimental and numerical study on the growth and collapse of a bubble in a

narrow tube[J]. Acta Mechania Sinica, 2012, 28(5): 1-13.

[172] Obreschkow D, Kobel P, Dorsaz N, et al. Cavitation bubble dynamics inside liquid drops in microgravity[J]. Physical Review Letters, 2006, 97(9): 094502.

[173] 汪斌, 张远平, 王彦平. 水中爆炸气泡脉动现象的实验研究[J]. 爆炸与冲击, 2008(6): 572-576.

[174] 朱锡, 牟金磊, 洪江波, 等. 水下爆炸气泡脉动特性的试验研究[J]. 哈尔滨工程大学学报, 2007(4): 365-368.

[175] Johnston R C. Performance of 2000 and 6000 psi air guns: theory and experiment[J]. Geophysical Prospecting, 1980, 28(5): 700-715.

[176] Laws R, Landrø M, Amundsen L. An experimental comparison of three direct methods of marine source signature estimation[J]. Geophysical Prospecting, 1998, 46(4): 353-389.

[177] Vaage S, Haugland K, Utheim T. Signatures from single airguns[J]. Geophysical Prospecting, 1983, 31(1): 87-97.

[178] De Graff K L, Brandner P A, Penesis I. Bubble dynamics of a seismic airgun[J]. Experimental Thermal & Fluid Science, 2014, 55: 228-238.

[179] De Graff K L, Brandner P A, Penesis I. The pressure field generated by a seismic airgun[J]. Experimental Thermal & Fluid Science, 2014, 55: 239-249.

[180] De Graff K L. The Bubble Dynamics and Pressure Field Generated by a Seismic Airgun[D]. Tasmania:Australian Maritime College,University of Tasmania, 2013.

[181] 丘学林, 赵明辉, 叶春明, 等. 南海东北部海陆联合深地震探测[C]. 中国地球物理学会第十八届年会, 北海, 2002.

[182] 丘学林, 赵明辉, 叶春明, 等. 南海东北部海陆联测与海底地震仪探测[J]. 大地构造与成矿学, 2003(4): 295-300.

[183] 徐嘉隽, 蔡辉腾, 金星. 大容量气枪在不同水体中激发效果研究[C]. 2016 中国地球科学联合学术年会, 北京, 2016.

[184] 胡久鹏, 王宝善, 陈颙. 水体形状对陆地气枪激发信号的影响[J]. 地震研究, 2017, 40(4): 543-549.

[185] Ziolkowski A. Measurement of air-gun bubble oscillations[J]. Geophysics, 1998, 63(6): 2009-2024.

[186] Prosperetti A. Bubble phenomena in sound fields: part one[J]. Ultrasonics, 1984, 22(2): 69-77.

[187] 胡立新, 杨德宽, 何兵寿, 等. 延迟爆炸法的理论分析[J]. 石油地球物理勘探, 2002(1): 33-38.

[188] 张阿漫. 水下爆炸气泡三维动态特性研究[D]. 哈尔滨: 哈尔滨工程大学, 2007.

[189] 刘云龙. 改进的气泡动力学模型在舰船抗冲击中的应用[D]. 哈尔滨: 哈尔滨工程大学, 2014.

[190] Liu Y L, Zhang A M, Tian Z L, et al. Numerical investigation on global responses of surface ship subjected to underwater explosion in waves[J]. Ocean Engineering, 2018, 161: 277-290.

[191] 倪宝玉. 水下粘性气泡（空泡）运动和载荷特性研究[D]. 哈尔滨: 哈尔滨工程大学, 2012.

[192] Koukouvinis P, Gavaises M, Supponen O, et al. Numerical simulation of a collapsing bubble subject to gravity[J]. Physics of Fluids, 2016, 28(3): 032110.

[193] Zhang A M, Cui P, Cui J, et al. Experimental study on bubble dynamics subject to buoyancy[J]. Journal of Fluid Mechanics, 2015, 776: 137-160.

[194] 戴遗山, 段文洋. 船舶在波浪中运动的势流理论[M]. 北京: 国防工业出版社, 2008.

[195] 崔璞. 复杂边界条件近场水下爆炸气泡运动特性实验研究[D]. 哈尔滨: 哈尔滨工程大学, 2016.

[196] Rungsiyaphornrat S, Klaseboer E, Khoo B C, et al. The merging of two gaseous bubbles with an application to underwater explosions[J]. Computers & Fluids, 2003, 32(8): 1049-1074.

[197] Zhang Y L, Yeo K S, Khoo B C, et al. 3D jet impact and toroidal bubbles[J]. Journal of Computational Physics, 2001, 16(6): 336-360.

[198] Tian Z, Liu Y, Zhang A M, et al. Analysis of breaking and re-closure of a bubble near a free surface based on the Eulerian finite element method[J]. Computers & Fluids, 2018, 170: 41-52.

[199] Benson D J. Computational methods in Lagrangian and Eulerian hydrocodes[J]. Computer Methods in Applied Mechanics and Engineering, 1992, 99(2-3): 235-394.

[200] Tian Z L, Liu Y L, Zhang A M, et al. Energy dissipation of pulsating bubbles in compressible fluids using the Eulerian finite-element method[J].Ocean Engineering,2020,196:106714.

[201] Shima A. The behavior of a spherical bubble in the vicinity of a solid wall[J]. Journal of Basic Engineering, 1968, 90(1): 75-89.

[202] Kling C L, Hammitt F G. A photographic study of spark-induced cavitation bubble collapse[J]. Journal of Basic Engineering, 1972, 94(4): 825-832.

[203] Li S, Han R, Zhang A M, et al. Analysis of pressure field generated by a collapsing bubble[J]. Ocean Engineering, 2016, 117: 22-38.

[204] Dadvand A, Khoo B C, Shervani-Tabar M T, et al. Boundary element analysis of the droplet dynamics induced by spark-generated bubble[J]. Engineering Analysis with Boundary Elements, 2012, 36(11): 1595-1603.

[205] Fong S W, Adhikari D, Klaseboer E, et al. Interactions of multiple spark-generated bubbles with phase differences[J]. Experiments in Fluids, 2009, 46: 705-724.

[206] Zhang S, Wang S P, Zhang A M. Experimental study on the interaction between bubble and free surface using a high-voltage spark generator[J]. Physics of Fluids, 2016, 28(3): 032109.

[207] Zhang S, Zhang A M, Wang S P, et al. Dynamic characteristics of large scale spark bubbles close to different boundaries[J]. Physics of Fluids, 2017, 29(9): 092107.

[208] 崔杰. 近场水下爆炸气泡载荷及对结构毁伤试验研究[D]. 哈尔滨: 哈尔滨工程大学, 2013.

[209] 张阿漫, 王诗平, 白兆宏, 等. 不同环境下气泡脉动特性实验研究[J]. 力学学报, 2011, 43(1): 71-83.

[210] Gong S W, Ohl S W, Klaseboer E, et al. Scaling law for bubbles induced by different external sources: theoretical and experimental study[J]. Physical Review E Statistical Nonlinear & Soft Matter Physics, 2010, 81(2): 056317.

[211] 王诗平. 水中结构物附近爆炸气泡运动特性研究[D]. 哈尔滨: 哈尔滨工程大学, 2011.

[212] Hung C F, Hwangfu J J. Experimental study of the behaviour of mini-charge underwater explosion bubbles near different boundaries[J]. Journal of Fluid Mechanics, 2010, 651(3): 55-80.

[213] Longuet-Higgins M S. Bubbles, breaking waves and hyperbolic jets at a free surface[J]. Journal of Fluid Mechanics, 1983, 127(127): 103-121.

[214] Duchemin L, Popinet S, Josserand C, et al. Jet formation in bubbles bursting at a free surface[J]. Physics of Fluids, 2002, 14(9): 3000-3008.

[215] Zhang A M, Cui P, Wang Y. Experiments on bubble dynamics between a free surface and a rigid wall[J]. Experiments in Fluids, 2013, 54(10): 1-18.

[216] Liu L T, Yao X L, Zhang A M, et al. Numerical analysis of the jet stage of bubble near a solid wall using a front tracking method[J]. Physics of Fluids, 2017, 29(1): 012105.

[217] Zhang A M, Wu W B, Liu Y L, et al. Nonlinear interaction between underwater explosion bubble and structure based on fully coupled model[J]. Physics of Fluids, 2017, 29(8): 082111.

[218] Wu S J, Ouyang K, Shiah S W. Robust design of microbubble drag reduction in a channel flow using the Taguchi method[J]. Ocean Engineering, 2008, 35(8-9): 856-863.

[219] Kitagawa A, Hishida K, Kodama Y. Flow structure of microbubble-laden turbulent channel flow measured by PIV combined with the shadow image technique[J]. Experiments in Fluids, 2005, 38(4): 466-475.

[220] Reuter F, Gonzalez-Avila S R, Mettin R, et al. Flow fields and vortex dynamics of bubbles collapsing near a solid boundary[J]. Physical Review Fluids, 2017, 2(6): 064202.

[221] Cui P, Zhang A M, Wang S P, et al. Experimental investigation of bubble dynamics near the bilge with a circular opening[J]. Applied Ocean Research, 2013, 41(6): 65-75.

[222] Lauterborn W, Bolle H. Experimental investigations of cavitation-bubble collapse in the neighborhood of a solid boundary[J]. Journal of Fluid Mechanics Digital Archive, 1975, 72: 112-115.

[223] Shima A, Takayama K, Tomita Y, et al. An experimental study on effects of a solid wall on the motion of bubbles and shock waves in bubble collapse[J]. Acta Acustica united with Acustica, 1981, 48(5): 293-301.

[224] Wang Q. Multi-oscillations of a bubble in a compressible liquid near a rigid boundary[J]. Journal of Fluid Mechanics, 2014, 745(4): 509-536.

[225] Yang Y X, Wang Q X, Keat T S. Dynamic features of a laser-induced cavitation bubble near a solid boundary[J]. Ultrasonics Sonochemistry, 2013, 20(4): 1098-1103.

[226] Lim K Y, Quinto-Su P A, Klaseboer E, et al. Nonspherical laser-induced cavitation bubbles[J]. Physical Review E, 2010, 81: 016308.

[227] Zhang A M, Wang S P, Huang C, et al. Influences of initial and boundary conditions on underwater explosion bubble dynamics[J]. European Journal of Mechanics B-fluids, 2013, 42(2): 69-91.

[228] Peng Y X, Zhang A M, Ming F R. A thick shell model based on reproducing kernel particle method and its application in geometrically nonlinear analysis[J]. Computational Mechanics, 2018, 62 (3): 309-321.

[229] Peng Y X, Zhang A M, Li S, et al. A beam formulation based on RKPM for the dynamic analysis of stiffened shell structures[J]. Computational Mechanics, 2019, 63 (1): 35-48.